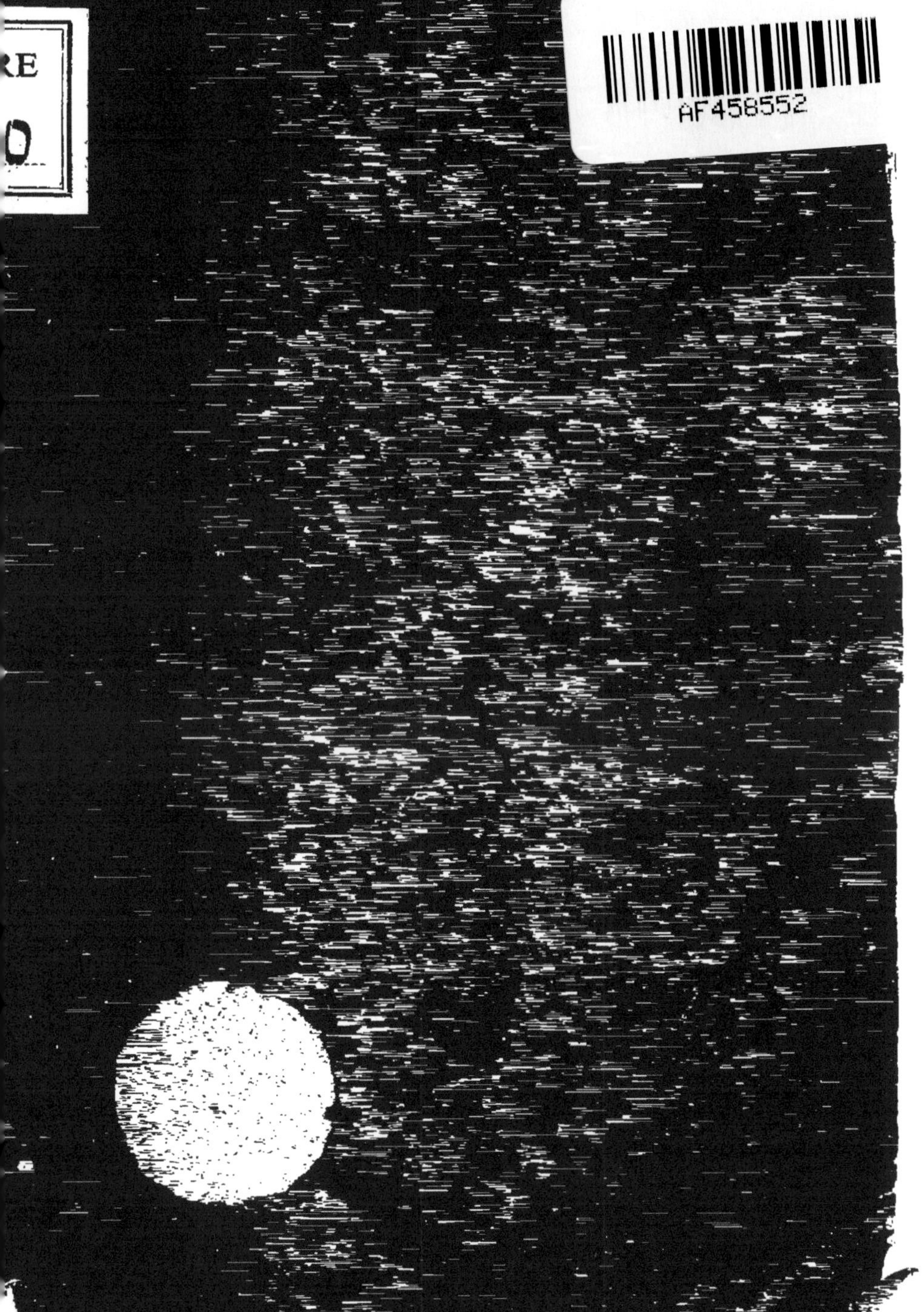

TRAITÉ

D'ARITHMÉTIQUE.

Tout exemplaire non revêtu de la signature de l'Auteur, serait une contre-façon. On en poursuivrait les contrefacteurs et les débitans, suivant la rigueur des lois.

Delpierre

On trouve aussi du même Auteur, chez le même Libraire, des *Conseils sur les premières études.*

J.-M. EBERHART, Imprimeur du Collége Royal de France, rue du Foin St.-Jacques, n. 12.

TRAITE

D'ARITHMÉTIQUE,

Par LEOCADE DELPIERRE.

PARIS,

A LA LIBRAIRIE CLASSIQUE D'AUMONT Ve NYON, Jeune,
place de la Monnoie, n. 13, près le cul-de-sac Conti.

1818.

AVANT-PROPOS.

DEPUIS plus de deux siècles la Nation française possède des écrivains, dont la diction est d'une très-grande clarté; *l'Esprit des Lois*; *les Mondes* de Fontenelle; *le petit Traité d'Economie politique* de J.-J. Rousseau; *le Commerce et le Gouvernement* de Condillac; quelques morceaux des *Œuvres* de Dumarsais, et grand nombre d'autres ouvrages ne laissent rien à désirer, sous le rapport de la logique et du développement des idées.

Pourquoi, lorsque nous avons eu,

et que nous avons encore des hommes qui savent si habilement développer la pensée, ne possédons-nous pas des Traités élémentaires, écrits avec toute la précision et la clarté dont ils sont susceptibles? c'est que, les auteurs très-distingués dédaignent de composer des ouvrages qui semblent ne devoir rien ajouter à leur gloire. Cependant on ne pourrait rendre à la patrie un plus grand service que de mettre tous les citoyens à même de s'instruire sans effort de ce qui peut composer une instruction véritable? ce serait entre autres moyens un des plus surs pour dégager l'éducation des erreurs qu'elle imprime souvent dans l'esprit de presque tous ceux qui n'ont pas l'avantage d'être élevés dans les écoles célèbres, et de recevoir les leçons des maîtres d'un mérite connu et distingué.

Il n'est point de science, si elle était bien traitée, qui ne puisse être rendue très-palpable, à l'aide d'un raisonnement simple et méthodique. L'ébauche qu'en a faite Condillac, dans sa *Langue des Calculs*, en est une preuve. Dumarsais avait aussi des conceptions très-lumineuses; mais il n'a laissé que quelques fragmens sur la Grammaire, et une Logique incomparable, mais incomplète : de sorte que presque tout se trouve encore à refaire dans les élémens des sciences.

Il en est pourtant qui se prêtent beaucoup à l'analise du discours; principalement tous ceux qui sont du ressort des mathématiques. N'est-il pas singulier que ceux-ci soient justement traités de la manière la plus abstraite, et la moins à la portée de l'intelligence du vulgaire ? La synthèse y est trop généralement employée ; et si cette méthode facilite le travail du démonstrateur et de l'écrivain, il n'en est pourtant pas de plus défectueuse pour l'adepte. L'esprit se rebute, dans les études, d'être obligé de commencer toujours par des suppositions, et la lecture d'axiômes inconnus. L'analise, au contraire, qui ne vous conduit à la démonstration de la vérité qu'en partant des idées les plus simples pour arriver aux idées composées, flatte l'esprit et encourage l'élève.

C'est la forme scientifique des démonstrations des mathématiques qui fait que l'arithmétique, science pourtant si utile dans toutes les circonstances de la vie, est tant négligée, surtout dans l'éducation des femmes. Je ne parlerai point de ce qu'on en apprend dans les écoles primaires. En général il est même rare d'y trouver des maîtres qui en aient les moindres notions raisonnables : ils sont donc bien loin de pouvoir l'enseigner aux jeunes gens dont l'instruction leur est confiée.

Guidé par ces considérations, j'ai cru devoir mettre au jour ce petit Traité d'Arithmétique : mon intention a été de travailler particulièrement pour les maîtres et les maîtresses de pension, et pour les instituteurs des écoles secondaires : j'ai tâché, quoique je sois loin d'avoir cette heureuse diction qu'il serait à désirer qu'on trouvât dans les auteurs classiques, de mettre à même toutes les personnes qui savent lire d'apprendre l'arithmétique par de simples lectures, quand elles voudront s'appliquer un peu. Je désire avoir réussi. Non pas que je veuille prétendre qu'on puisse jamais lire un Traité de calcul comme on lirait un roman. Dans cette science il faudra toujours observer une grande méthode, parce que c'est un enchaînement de démonstrations et de vérités dont les dernières ne sont toujours que des conséquences des premières.

Mais j'ai la conviction que qui voudrait étudier sérieusement, pendant deux ou trois mois, pourrait comprendre tout ce qui peut concerner l'arithmétique, s'il trouvait un livre qui le lui présentât convenablement, et sans la surcharge de ces accessoires qui n'ont point d'usage dans les opérations ordinaires du calcul, telles que la formation et l'extraction des *racines carrées et cubiques*, *les règles des progressions, et les logarithmes*, bien mieux placés d'ailleurs dans les traités d'algèbre que dans ceux d'arithmétique.

Néanmoins il est bon d'observer que ce n'est pas toujours en voulant aller trop vîte, dans les études, qu'on avance le plus. Etes-vous arrêté sur un objet, n'accumulez pas, en passant plus loin, une foule de difficultés; attendez le moment où l'esprit soit mieux disposé ; revenez souvent sur vos pas ; repassez tout ce que vous savez ; mieux il sera gravé dans votre esprit, mieux vous en verrez l'enchaînement, et plus vous aurez ensuite de facilité pour continuer vos études. Il faut même bien se persuader qu'en mathématique, lorsqu'on ne peut suivre et comprendre un raisonnement qui se trouve bien casé dans l'ouvrage, c'est qu'on n'est pas assez instruit de ce dont il est précédé.

TRAITÉ D'ARITHMÉTIQUE.

NOTIONS PRÉLIMINAIRES.

1. L'ARITHMÉTIQUE est la science des nombres ; elle en considère la nature et les propriétés ; elle donne le moyen de les représenter, de les composer et décomposer : c'est ce qui s'appèle calculer.

2. Pour se faire une idée exacte des nombres, il faut commencer par savoir ce qu'on entend par *unité*.

Unité est un terme arbitraire dont on se sert par comparaison. Dire qu'il y a *un tas* de blé dans un grenier, ce n'est rien expliquer de positif, puisque *un tas* n'est pas une valeur déterminée. On doit donc prendre une mesure fixe et connue. Le *boisseau* ou le *décalitre*, par exemple, et ce sera l'*unité*. Alors on pourra se faire comprendre, en disant qu'il y a trente décalitres de blé dans le grenier. On pourroit pour unité, prendre de même l'*hectolitre*; mais il n'y en aurait que *trois* dans le grenier, puisque cette mesure renferme dix fois la contenance du *décalitre*. Si on prenait au contraire le *litre*, il y en aurait 300, parce que le *décalitre* en contient dix.

3. Les caractères, ou chiffres, qui servent à représenter tous les nombres, par le moyen d'une combinaison simple et très-facile à concevoir, sont : 0, 1, 2, 3, 4, 5, 6, 7, 8, 9.

4. Isolément les chiffres peuvent donc représenter jusqu'à neuf unités : le zéro n'est d'usage que pour tenir la place des non-valeurs.

5. On est convenu qu'en posant un chiffre à la droite d'un autre, ce dernier rendait le précédent dix fois plus fort. Dans 12, celui qui est à droite représente *deux* unités; celui qui est à gauche en représente *dix*; ce qui fait douze pour les deux ensemble.

Dans 41, le premier représente *quarante* ou *quatre dizaines*, et les deux ensemble *quarante* et *un*.

Je puis donc écrire, en suivant cette combinaison, jusqu'à *quatre-ving-dix-neuf*, ci 99, puisque je n'ai à poser, après avoir représenté 9, qu'un autre 9 à gauche, qui vaut *quatre-vingt-dix* ou *neuf dizaines*.

6. Pour exprimer dix, ci 10, ou 20, ou 30, etc., on a recours au zéro. N'ayant que des dizaines, il faut un caractère qui, tenant la place des unités simples, ordonne seulement le rang des dizaines.

7. Observez que pour exprimer neuf unités, plus une, nous disons *dix*; à la seconde dizaine nous disons *vingt*, à la troisième *trente*, à la quatrième *quarante*, à la cinquième *cinquante*, à la sixième *soixante*, à la septième *soixante-dix*, à la huitième *quatre-vingt*, et à la neuvième *quatre-vingt-dix*. On rendrait, comme l'avait proposé Condorcet, toutes ces expressions régulières, en adoptant *unuante* pour *dix*, *duante* pour *vingt*, *septante*, pour *soixante-dix*, *octante*, pour *quatre-vingt*, et *nonante* pour *quatre-vingt-dix*. De sorte que pour s'élever à *cent* par dizaine, on dirait *unuante*, *duante*, *trente*, *quarante*, *cinquante*, *soixante*, *septante*, *octante*, *nonante* et *cent*.

8. En suivant le principe expliqué plus haut (5) il est facile de signifier des centaines : il suffit de les mettre à la gauche des dizaines. Ainsi dans 452, le chiffre de la droite représente *deux*, celui qui est immédiatement à sa gauche représente *cinquante* ou *cinq dizaines*, et le plus éloigné encore vers la gauche représente *quatre cent* ou *quatre centaines.*

Le systême maintenant devient sans doute très-palpable. On doit juger qu'en plaçant un chiffre à la gauche des centaines, il exprimera encore un nombre décuple ; il vaudra donc des mille, et l'on pourra écrire jusqu'à *neuf mille neuf cent quatre vingt-dix-neuf*, en plaçant de suite quatre 9 ; ci 9999.

Par la même raison, un chiffre à côté des mille vaudra des *dix mille* ; un chiffre à gauche de ce dernier vaudra des *cent mille* ; encore plus loin il vaudra des *millions*, ensuite des *dix millions*, des *cent millions*, des *billions* ou des *milliards*, des *dix billions*, etc.

Exemple : — 56,748,204,021.

9. Si l'œil ne peut permettre d'exprimer

un nonbre, on dira, prenant sur le champ de la gauche vers la droite,

5 6, 7 4 8, 2 0 4, 0 2 1

Chiffre	Rang
5	dizaines de billions, etc.
6	*billions.*
7	centaines de millions.
4	dizaines de millions.
8	*millions.*
2	centaines de mille.
0	dizaines de mille.
4	*mille.*
0	centaines.
2	dizaines.
1	*unité.*

10. Remarquez que, n'ayant point dans le nombre ci-dessus de *centaines* ni de *dix mille*, il a fallu mettre le zéro à leur place, afin que les autres chiffres se trouvassent placés chacun dans le rang qui leur est assigné par les quantités qu'ils représentent.

11. Notons aussi que pour faciliter la vue on est dans l'usage, lorsque les nombres sont considérables, de distribuer, à l'aide d'une virgule, les chiffres par portions de trois, de la droite en allant vers la gauche; alors on trouve, dans la première portion, jusqu'aux *centaines*; dans la seconde les *mille*, dans la

troisième les *millions*, dans la quatrième les *billions*, etc.

De l'addition des nombres simples.

12. On appèle *addition* la réunion de plusieurs quantités en une seule. On doit comprendre que, d'après le systême de la numération que nous venons d'expliquer, c'est une opération extrêmement facile, et qui en découle naturellement.

Supposés les nombres { 4778, 682, 5567 } qu'on veut réunir.

$$\begin{array}{r} 4778 \\ 682 \\ 5567 \\ \hline 11022 \end{array}$$

On les posera de manière à ce que les unités soient sous les unités, les dizaines sous les dizaines, les centaines sous les centaines.

On commencera l'*addition* par les unités; on dira, prenant de haut en bas, 3 et 2 font 5 et 7 font 12. On observera que 12 unités valent une dizaine et deux unités; on ne posera que les deux unités, et l'on retiendra la dizaine pour la joindre à la colonne de gauche composée de dizaines.

Passant à cette colonne de gauche, on dira une dizaine de retenue, provenant de l'addition des unités, et 7 font 8, et 8 font 16, et 6 font 22 dizaines; mais nous savons que 22 dizaines valent 2 centaines et 2 dizaines: nous ne poserons donc que les 2 dizaines et nous retiendrons les 2 centaines, pour les porter à la colonne de gauche composée de centaines.

Passant à l'addition de cette colonne, nous dirons 2 centaines de retenues pour les 20 *dizaines*, et 7 font 9, et 6 font 15, et 5 font 20. Comme 20 centaines valent 2 mille, je les retiens encore pour les joindre à la colonne des mille, et n'ayant point de centaines de reste, je pose un zéro pour en tenir la place, et déterminer le rang des autres nombres.

Enfin, passant à la colonne des mille, nous continuerons en disant, 2 mille de retenus pour les 20 centaines, et 4 font 6, et 5 font 11; je pose seulement 1 mille, et je place ou j'avance à gauche le *dix mille*.

J'ai donc pour produit de tous les nombres additionnés un total de 11022.

Cette opération est sans doute bien suffisante pour mettre à même d'additionner tous les nombres entiers imaginables. Il serait donc très-inutile d'en présenter un nouvel exemple. Ne pouvant suivre que la même combinaison, il ne différerait du premier que par la seule valeur des chiffres.

De la multiplication des nombres simples.

13. En arithmétique on appèle multiplier, répéter un nombre qu'on appèle *multiplicande* autant qu'il y a d'unités dans un autre qu'on appèle *multiplicateur*.

Premier Exemple :

3 multiplicande
par 6 multiplicateur,
—
donne 18 pour *produit.*

Je dis 6 fois 3 font 18 unités : je pose les 8 unités, et j'avance à la gauche la dixaine, afin de représenter le produit 18.

La multiplication n'est donc qu'une addition de quantités égales.

Si on avait par exemple 4 à multiplier par 3, on pourrait faire l'opération en posant 4 trois fois, et en additionnant de la manière suivante :

4
4
4
—
12

Second Exemple :

478 multiplicande
par 5 multiplicateur

donne 2390 pour produit.

Je dis cinq fois 8 et je trouve 40 : comme ce nombre me donne 4 dizaines, je pose zéro pour tenir la place des unités simples, et je retiens 4 *dizaines.*

Passant au second chiffre du multiplicande, je dis 5 fois 7 dizaines donnent 35 dizaines, et 4 de retenues font 39. Mais 39 dizaines valent trois centaines et 9 dizaines : je pose donc seulement ce dernier nombre, et je retiens les 3 centaines.

Passant au troisième chiffre du multicande, je dis 5 fois 4 centaines, ou tout simplement par abstraction 5 fois 4 font 20, et 3 de retenues font 23 : je pose 3 *centaines*, et je mets ou j'avance à gauche les 20 autres centaines, que j'exprime par 2 *mille*, et j'ai pour produit 2390.

Troisième Exemple :

4,754
23
14,262
95,08
109,342

Je multiplie d'abord, comme au second exemple, tout le multiplicande par les trois unités du multiplicateur, et j'ai pour premier produit 14,262.

Je passe au second chiffre du multiplicateur, et je dis en commençant par les unités simples du multiplicande, 2 fois 4 font 8; mais j'observe que ce produit n'est pas des unités simples. Le multiplicateur étant 20 ou 2 dizaines, le produit par 4 unités simples du multiplicande doit être *quatre-vingts* ou 8 dizaines : c'est pourquoi je ne pose pas 8 sous les unités simples du premier produit 14,262; mais sous les unités de dizaines de ce produit.

Enfin, continuant l'opération en disant sur le second chiffre du multiplicande 2 fois 5 ; ensuite sur le troisième 2 fois 7, etc., j'ai pour second produit 9508 dizaines : j'additionne les deux produits partiels, et j'ai pour produit total 109342.

14. Cette opération nous porte à observer qu'en multipliant des unités par des unités, on a pour produit des unités. Par exemple 2 unités multipliées par 4, donnent 8 unités.

Il n'en est pas de même des autres chiffres placés dans les nombres. Si je multiplie 2 dizaines par 4 dizaines, j'aurai 8 centaines, attendu que c'est la même chose que

multiplier 20 unités,

par 40 unités,

qui donnent 800 ou 8 centaines pour produit.

Si je multiplie des dizaines par des centaines, j'aurai des mille, parce que *dix fois cent font mille*. Si je multiplie des centaines par des centaines, j'aurai des *dix mille*, etc. C'est une observation dont il faut bien se pénétrer, parce que c'est elle qui indique la place des chiffres dans toutes les multiplications.

Quatrième Exemple:

```
   3753
    502
   ----
   7506
 18765
-------
1884006
```

On voit dans ce dernier exemple que, n'ayant pas au multiplicateur de dizaines, on n'a obtenu que deux produits partiels. Mais le second étant le résultat des centaines de ce multiplicateur, on a dû le porter sous les centaines du premier produit.

15. Nous avons supposé qu'on connaissait les produits d'un seul chiffre par un seul chiffre, c'est-à-dire ceux depuis une fois 1, une fois 2, jusqu'à 9 fois 9 qui font 81. Si on ne les connaissait point, il faudrait s'exercer sur la table ci-jointe où ils se trouvent.

a b

1	2	3	4	5	6	7	8	9
2	4	6	8	10	12	14	16	18
3		9	12	15	18	21	24	27
4			16	20	24	28	32	36
5				25	30	35	40	45
6					36	42	48	54
7						49	56	63
8							64	72
9								81

c

Pour trouver sur cette table le produit de deux nombres simples ; cherchez le multiplicande en suivant la ligne A B ; descendez verticalement et arrêtez-vous à la case qui se trouve vis-à-vis de votre multiplicateur à la ligne A C. Par exemple, combien valent 6 fois 9 : cherchez 9 sur la ligne A B ; descendez verticalement vis-à-vis du 6 de la ligne A C, vous trouverez 54 pour le nombre demandé.

De la soustraction des nombres simples.

16. Soustraire en arithmétique, c'est ôter une quantité d'une autre quantité, afin d'en connaître la différence.

Par exemple, de	6
si l'on soustrait	4
on a pour reste ou différence	2

On doit penser qu'avec des nombres plus considérables, c'est une opération très-facile. Le système de la numération nous indique qu'il faut poser les unités simples sous les unités, les dizaines sous les dizaines, etc., et les extraire partiellement les unes des autres.

Premier Exemple :

de	5864
soustraire	1652
il reste	4212

Je dis en commençant par les unités, de 4 ôter 2, reste 2.

Passant aux dizaines, je dis de 6 ôter 5, reste 1.

Continuant de même aux centaines et aux mille, je trouve pour reste total 4212.

Second Exemple :

de	23505
soustraire	15324
reste	8181

17. Je dis de 5 ôter 4 reste 1.

Ensuite, passant aux dizaines, je dis de zéro ôter 2, cela ne se peut; mais une observation bien simple se présente; le chiffre de la gauche représente des centaines; j'en emprunte *une* dessus, en le marquant par un point. Cette centaine vaut 10 dizaines. Je puis donc, en revenant aux dizaines, dire de 10 dizaines ôter 2 reste 8.

Passant aux centaines, le point m'indique qu'on a ôté au 5 une centaine. Il n'en vaut donc plus que 4; je ne le compte en effet que pour tel, et je dis, de 4 ôter 3 reste 1.

Passant aux mille, je dis, de 3 ôter 5, cela ne se peut; j'emprunte sur le 2 *dix mille* 1 qui vaut 10 mille, et que je joins par la pensée, en me reportant au rang des mille, avec les 3 mille; alors j'ai 13 mille, j'en ôte 5 et il m'en reste 8.

Passant aux *dix mille*, l'accent m'indique qu'il en a été emprunté 1 sur le 2 *dix mille*, et par conséquant qu'il ne vaut plus que 1 *dix mille*: je dis donc, de 1 ôter 1 reste zéro, et j'ai pour reste total 8181.

Troisième Exemple :

	...
de	2004
soustraire	1855
reste	149

18. Je dis de 4 unités en ôter 5, cela ne se peut. Je ne puis emprunter ni sur les dizaines ni sur les centaines, puisqu'il n'y en a pas; mais il est tout simple de passer aux *mille*. J'emprunte donc 1 mille sur les 2 *mille*. Je laisse, en le marquant par un point 9, centaines sur le premier zéro, et 9 dizaines sur le second : de sorte qu'il ne me reste qu'une dizaine dont j'ai besoin. Elle vaut 10 unités; je les joins avec les 4, ce qui fait 14, et je dis de 14 ôter 5 reste 9.

Passant aux dizaines, j'observe que j'en ai laissé 9 sur le zéro. Je puis donc dire, de 9 ôter 5 reste 4.

Passant aux centaines, comme j'en ai aussi laissé 9 sur le zéro, je dis, de 9 ôter 8 reste 1.

Passant aux mille, et ayant ôté 1 *mille* sur le 2 *mille*, je dis, de 1 ôter 1 reste zéro, et j'ai pour reste de toute la soustraction 149.

De la division des nombres simples.

19. Diviser en arithmétique, c'est en général chercher combien de fois un nombre qu'on appèle *dividende* en contient un autre, qu'on appèle *diviseur*, et le résultat s'appèle le *quotient.*

Premier Exemple :

Le dividende est 32 { 8 est le diviseur
4 est le quotient.

Je cherche combien le dividende 32 contient de fois le diviseur 8; je trouve 4 pour quotient.

20. Ce qui nous démontre que la division n'est qu'un moyen abrégé de faire une soustraction qu'il faudrait répéter autant qu'on trouverait de fois de diviseur contenu dans le *dividende.* Ce nombre de fois formerait le quotient.

Second Exemple :

Combien 252 contiennent-ils de fois le nombre 6?

```
252 | 6
24  |----
----| 42
 12
 12
----
  0
```

21. Si on pouvait toujours trouver spontanément par la pensée combien de fois un nombre est contenu dans un autre, on n'aurait pas besoin de méthode pour venir au secours de l'esprit : mais cela est indispensable. Dans ce second exemple il faut déjà être très-exercé sur la composition et la décomposition des nombres, pour trouver au premier apperçu combien le diviseur 6 est contenu de fois dans le dividende 252.

Voici comment on y procède par des opérations partielles.

Je prends sur la droite du dividende autant de chiffres qu'il en faut pour contenir le diviseur : il me faut ici les deux premiers ; c'est-à-dire 25 : je dis en 25 combien de fois 6, je trouve 4. Je les pose au quotient, et je multiplie le diviseur par ce 4 : le produit est 24. Après les avoir posés sous la portion du dividende que j'ai embrassée pour contenir le diviseur, j'en fais la soustraction, et j'ai pour reste 1 qui vaut encore *une dizaine.*

J'abaisse à côté de cette dizaine le 2 qui restait dans le dividende, alors je trouve encore 12 unités.

22. Observons ici que notre recherche a été de savoir combien le dividende 6 était contenu non pas dans 25 unités, mais dans 25 dizaines, c'est-à-dire, dans un nombre dix fois plus fort que des unités. Donc le quotient 4 qu'on vient trouver doit être des dizaines? pour les représenter il faudrait donc qu'il fût suivi d'un zéro? Si l'on s'en dispense, c'est par la raison que la continuation de l'opération va donner des unités qui détermineront le rang du 4, afin qu'il marque des dizaines comme il le doit.

Reprenant l'opération du *second exemple*, je dis, combien 12, reste du dividende total, contient-il le diviseur 6? 2 fois : je multiplie ce 2, quotient partiel, par le diviseur 6, j'ai 12 : les portant sous ce qui me reste au dividende pour en faire la soustraction, il me reste zéro. Or ce dernier quotient 2, placé à la suite du premier, me donne un quotient total de 42 pour le nombre de fois que 6 est contenu dans 252.

23. *Troisième exemple :*

Combien 2524 contiennent de fois 86?

2524	86	86
172	29	3
804		258
774		
30		

Pour contenir 86, les deux premiers chiffres du dividende ne sont pas suffisans : il faut en prendre 3. On éprouve quelque difficulté pour juger de suite combien 86 est contenu dans 252. Pour y parvenir facilement, voici la méthode : on néglige de porter son attention sur le chiffre de la droite du diviseur ; on en fait autant sur la droite de la portion qu'on a prise dans le dividende. Alors on dit : combien le 8 du diviseur est-il contenu dans les 25 du dividende ? on trouve 3 fois. Mais cette valeur n'est qu'approximative. L'on en sentira bientôt la raison, si l'on remarque que le 6 du diviseur qu'on a négligé n'est pas contenu 3 fois dans le reste 2 du dividende partiel sur lequel on opère : mais c'est une première donnée : on la vérifie en l'employant pour multiplicateur du diviseur 86, à l'aide d'une opération faite à part ; on obtient 258 : cette somme se trouvant plus forte que les 252 du dividende, nous démontre que 3, valeur approximative, est trop forte, et qu'on ne doit porter que 2 au quotient.

Nous multiplions le diviseur par ce 2. Deux fois 6 font 12, je pose 2 sous le dividende et je retiens 1 : deux fois 8 font 16 et 1 de retenu fait 17, je pose 7 et j'avance 1.

Faisant ensuite la soustraction, il me reste 80. J'abaisse à côté le 4 restant du dividende, et j'ai 804 pour reste total.

Combien 86 est-il contenu dans ce nombre 804. En procédant par approximation comme ci-dessus, je cherche d'abord combien le 8 du diviseur est contenu dans 80 du dividende, je trouve 10 fois. Mais je sais déjà que ce nombre est au moins trop fort d'une unité, puisque le diviseur 86 n'est pas contenu dans la partie 80 du dividende qui seule est en position de produire des dizaines.

J'essaie donc seulement par le nombre 9, avec lequel je multiplie à part le diviseur; je trouve 774 : ce qui me fait conclure qu'il doit y avoir 9 au quotient. Je pose 774 sous le dividende ; j'en fais la soustraction, et j'ai seulement 30 unités pour reste définitif. D'où je conclus que dans 2524, le nombre 86 est contenu 29 fois, et qu'il reste 30, dans lequel le diviseur 86 n'est plus contenu une fois.

Quatrième exemple :

Combien 1,378,568 contiennent-ils de fois 348 ?

```
1378568 | 348
1044    |-----
------- | 3961
 3345
 3132
 ----
  2136
  2088
  ----
   488
   348
   ---
   140
```

Je prends autant de chiffres sur la droite du dividende qu'il en faut pour contenir le diviseur ; c'est quatre. Dans 1378, combien est contenu de fois le diviseur 348 ? Pour le savoir par approximation, et en suivant un principe analogue à celui employé dans l'exemple qui précède (23), je néglige deux chiffres sur la droite du diviseur, et deux aussi sur la droite de la portion que j'ai embrassée, pour première opération dans le dividende, et je trouve que 3 est contenu 4 fois dans 13. Je multiplie à part le diviseur, 348 par ce 4 : je trouve 1392. Ce nombre étant plus fort que mon dividende, me démontre qu'il ne peut être porté que 3 au quotient. Je multiplie le diviseur par ce 3 et je trouve 1044. Faisant la soustraction, j'ai pour reste 334.

J'abaisse à côté de ce dernier nombre les centaines du dividende total exprimées par le chiffre 5, et j'ai 3345. Cherchant dans 33 combien 3 est contenu de fois, je trouve 11 fois. Mais je sais que le nombre cherché ne pouvant donner des dizaines, ne peut dépasser 9. Après la vérification, je trouve que je dois porter 9 au quotient.

Le diviseur, multiplé par ce chiffre, me donne 3132. Les ayant placés sous mon dividende, j'en fais la soustraction, et j'ai pour reste 213.

J'abaisse à côté de ce dernier reste les dizaines du dividende général représentées par 6, et j'ai 2136.

Combien le diviseur est-il contenu dans ce nombre? je trouve 6 fois et un reste de 48, à côté duquel j'abaisse les unité représentées par 8, et j'ai 488 pour reste du dividende total. Je trouve que le diviseur est contenu dans ce nombre *une* fois. Je pose donc 1 au quotient. Le dernier reste 140 est une quantité qui ne s'est point trouvée assez forte pour contenir le diviseur *une* unité de plus. D'où je conclus enfin que le diviseur 348 est contenu 3961 fois dans le dividende 1,378,568.

24. Nous remarquerons dans ce quatrième exemple, pour compléter l'observation que nous avons faite au second (22), qu'ayant obtenu le premier chiffre du quotient 3, en cherchant combien le diviseur était contenu dans les quatre premiers chiffres du dividende, c'était le chercher dans des *mille*; c'est-à-dire dans un *million* plus *trois cent mille* plus *soixante dix mille* plus *huit mille*;

ce qui est la même chose que dans 1378 *mille*. Ainsi, en trouvant 3 fois le diviseur contenu dans ce nombre, c'était 3 *mille fois*, avec un excédent de 334 *mille*, qui ne peut plus contenir le diviseur 1 *mille fois*.

De l'excédent nous en faisons des centaines, en abaissant à côté les 5 centaines du dividende, et alors nous en avons 3345.

Nous avons trouvé que le diviseur était contenu dans ce nombre 9 centaines de fois. Nous avons eu un reste de 213 centaines.

Nous en avons fait des dizaines en les joignant aux 6 dizaines du dividende, et nous en avons eu 2136.

Nous avons trouvé que le diviseur étoit contenu dans ce nombre 6 dizaines de fois. Nous avons eu un reste de 48 dizaines. Nous en avons fait des unités en les joignant aux 8 du dividende, et nous en avons eu alors 488 qui ont contenu le diviseur *une* fois.

Enfin la division épuisée nous démontre que chaque chiffre du quotient est placé pour représenter sa vraie valeur, et que nous avons pour quotient total 3961 avec un reste de 140, ne pouvant plus contenir le diviseur *une* fois.

Cinquieme exemple :

Combien 448,997 contiennent-ils de fois 224 ?

```
448997 | 224
448    |------
-----  | 2004
 0997
  896
 ----
  101
```

Les trois premiers chiffres du dividende marquant *des mille*, contiennent le diviseur 2 fois *mille*, que je pose au quotient. Je m'en sers pour multiplier le diviseur : je trouve 448 : les ayant soustraits de la portion du dividende que j'ai dû embrasser, il me reste zéro.

Ayant opéré sur les *mille*, je dois abaisser les centaines pour faire la seconde opération. Mais j'observe ici que le diviseur n'est pas contenu dans les *centaines* : il n'y aura donc pas de *centaines* dans le *quotient* : je dois donc poser un zéro pour en tenir la place, sans quoi les 2 *mille* obtenus à la prémière opération ne se trouveraient pas à leur rang.

A côté des centaines j'abaisse les dixaines; j'en ai 99. Ne pouvant pas encore contenir le diviseur, je mets un second zéro au quotient, pour y tenir la place des dixaines, attendu qu'il ne peut y en avoir.

A côté des 99 dixaines j'abaisse les 7 unités du dividende, alors j'ai 997 unités, qui contiennent le diviseur 4 fois, avec un reste de 101. D'où je conclus que le diviseur 224 est contenu 2004 fois dans le dividende 44,997.

26. *Sixième exemple, pour indiquer une méthode plus abrégée.*

Combien 7846 contiennent-ils de fois 84?

7846	84
28ϐ	93
34	

Après avoir pris trois chiffres dans le dividende pour contenir le diviseur, je trouve que je dois poser 9 au quotient.

Je multiplie mon diviseur par ce 9. Je dis donc, 9 fois 4 font 36. Au lieu de les poser sous mon dividende partiel, je soustrais sur le champ ces 36 du 4, sous lequel j'aurais dû poser 6, en le prenant pour 44; c'est-à-dire, en étant censé avoir emprunté sur le chiffre de la gauche, pour le joindre avec lui, 4 qui, par rapport à lui, peuvent représenter *des dizaines :* j'ai 8 pour reste.

Passant au second chiffre du diviseur, je dis : 9 fois 8 font 72. Je devrais les soustraire des 78 du dividende, ou plutôt de 74, puisque je suis censé avoir emprunté 4 dessus le 8 du nombre 78.

Mais pour ne rien changer à la valeur de ce nombre après avoir dit, 9 fois 8 font 72, j'ajoute 4 à 72, et j'ai 76 : ce qui fait la compensation de ce que j'ai emprunté. Alors soustrayant 76 de 78, il me reste 2, qui avec le 8 du premier reste, font 28.

J'abaisse à côté les 6 unités du dividende et j'en ai 286 dans lesquels je trouve que le diviseur est contenu 3 fois.

Je dis, dans la multiplication de mon diviseur par ce 3, *trois* fois 4 font 12 : au lieu de les poser sous le 6 de mon dividende, je soustrais de suite ces 12 du 6 en le prenant pour 16.

Passant au second chiffre du diviseur, je dis, 3 fois 8 font 24, j'y ajoute 1 pour compenser l'emprunt que je suis censé avoir fait sur 28, et j'ai 25 : les soustrayant de 28, il me reste 3. D'où je conclus que 84 est contenu 93 fois dans 7846, à moins d'*une* unité près.

La manière dont nous avons fait cette règle ne nous apprend rien de nouveau; mais elle nous donne un moyen d'abréger l'opération de la division, puisqu'elle nous dispense de poser tous les produits des multiplications du dividende par chaque chiffre du quotient, en nous montrant comment on peut en faire la soustraction sans les figurer.

27. *Septième exemple :*

Première Opération :

Combien 7800 contiennent-ils de fois 400 ?

```
7800 { 400
3800 { ----
         19
----
200
```

Seconde Opération :

Combien 78 contiennent-ils de fois 4?

```
 78 { 4
 38 { ---
       19
---
  2
```

Dans la première opération, je cherche combien 400 et contenu dans 7800, ou *combien 4 centaines* sont *contenues dans* 78 *cen-*

taines; je trouve 16 fois et 200 de reste; c'est-à-dire, une quantité égale à la moitié du diviseur. S'il m'était resté un nombre double, le diviseur aurait donc été contenu une fois de plus dans le dividende.

Dans la seconde opération, je cherche combien 4 est contenu dans 78, je trouve 19 fois et 2 de reste, quantité égale encore à la moitié du diviseur, comme dans la première opération.

Ce qui nous démontre que, si dans une division il y a des zéro pour derniers chiffres au dividende et au diviseur, on peut, pour abréger l'opération, en supprimer un nombre égal dans l'un et l'autre, sans que le quotien puisse en être diminué.

En effet, dans notre exemple, on conçoit que 78 centaines ne peuvent pas contenir plus de fois 4 centaines que 78 unités ne contiendraient 4 unités.

Idées sur l'usage des quatre premières règles de l'Arithmétique.

28. Si on ne connaissait pas l'usage des règles de l'addition, on le concevrait facilement, d'après l'exemple que nous en avons donné.

(12). Les trois nombres *abstraits* 4773, 682 et 5567 que nous avons choisis pourraient représenter des *toises* ou des *francs*, ou des *tonneaux*, etc. dont on voudrait connaître le total.

29. Quand les nombres déterminent des objets, comme des *toises*, des *francs*, etc. on les appèle *concrets*.

30. Dans la multiplication, si nous nous reportons aussi au premier exemple que nous en avons donné (13), le multiplicande pourrait représenter des francs, et le multiplicateur des toises. Le produit nous ferait connaître à combien s'éleverait, à raison de 3 francs l'une, le prix de six toises d'ouvrage : il s'élevrait par conséquent à 18 francs.

31. Ce qui doit nous faire observer que, dans une multiplication de nombres *concrets*, le produit est toujours de même nature que le multiplicande.

32. Dans la soustraction, si nous nous reportons encore au premier exemple que nous en avons donné (16), nous pourrions supposer qu'un cultivateur qui, sur une récolte de 5864 bottes de fourage, en ayant fait une consommation de 1652, voudrait

savoir ce qui lui en reste. On peut supposer aussi que sur un avoir de 5864, fr. on veut payer 1652 francs ; et connaître ce qu'on peut mettre en réserve.

33. Dans le premier exemple de la division (19) on peut supposer que les 32 du dividende sont des francs ; le prix de 8 toises d'ouvrage, et qu'on veut savoir à combien c'est la toise. Le quotient indiquerait 4 fr. On pourait supposer aussi que les 32 fr. sont à partager à 8 personnes, c'est-à-dire, en 8 parties égales.

Moyen pour prouver l'exactitude des quatre premières règles de l'Arithmétique.

DE L'ADDITION.

```
 4276
 3642
  356
 4256
─────
~~12530~~
 ~~122~~0
```

Après avoir additionné les quatre quantités suivant la méthode connue (12), nous avons trouvé pour total 12530.

34. Pour nous assurer de l'exatitude de cette opération, nous recommençons l'addition par les nombres de la droite.

4 et 3 font 7 et 4 font 11. Je les soustrais des 12 représentant les *mille* qui se trouvent dessous dans la somme totale : il me reste 1 ; je le joins par la pensée avec les 5 centaines du total, et alors j'en ai 15.

J'additionne la seconde colonne, je trouve 13 ; je les soustrais des 15 ; il me reste 2. Je les joins avec les 3 dizaines du total, et j'ai 23 dizaines.

J'additionne la troisième colonne, je trouve 21 ; je les soustrais des 23 ; il me reste 2 ; je les joins avec le zéro tenant la place des unités simples du total, et j'ai 20 unités.

J'additionne la quatrième et dernière colonne ; je trouve 20 : les ayant soustraits de 20, seul restant du total, je trouve zéro, comme en effet je dois le trouver.

La raison de cette opération est sans doute très-palpable : on voit qu'elle n'est que la simple décomposition de la première. Ayant cherché dans les sommes partielles, *les mille*, *les centaines*, etc., et les ayant soustraites de celles du total qui en est lui-même composé, il est évident que la dernière soustraction doit amener zéro.

Observez que, si à la première colonne qui indique des mille, l'addition ne nous a donné que 11, tandis que nous trouvons 12 dans la somme totale placée au-dessous, c'est que lors de la première opération la colonne inférieure, c'est-à-dire celle des centaines nous avoit donné une unité de mille à retenir pour la joindre à la colonne des mille.

A la seconde colonne cest-à-dire à celle des centaines, si, en soustrayant son total de la somme placée au-dessous dans le produit, nous trouvons une différence de 2, c'est que nous l'avions encore apportée de la colonne des dizaines.

A la troisième colonne, c'est-à-dire à celle des dizaines, s'il nous est encore resté 2 pour différence, c'est que nous les avions apportés de la colonne des unités simples.

Mais aux unités simples l'egalité doit se trouver dans l'addition de la colonne, et dans la somme du produit posée au-dessous, puisqu'on n'a joint à ce dernier produit aucun nombre provenant ou retenu de l'addition d'une colonne étrangère.

35. D'où nous concluons que, *pour prouver l'exactitude d'une addition, il faut la recommencer par les plus forts nombres*, c'est-à-dire, par les chiffres de la droite, *soustraire le montant de chaque colonne de celui du total qui lui correspond, en joignant le reste, s'il y en a, avec le nombre qui suit dans le total, afin qu'arrivé aux unités, la soustraction donne zéro pour dernier résultat.*

DE LA SOUSTRACTION.

de	4268
soustraire	2543
on a pour reste	1725
	4268 preuve.

36. Dans la soustraction nous pouvons observer que le reste ne diffère de la quantité dont on a soustrait, que de la quantité qui en a été soustraite. Ainsi, dans l'exemple ci-dessus, en additionnant le reste 1725 avec 2543, on doit retrouver la quantité primitive 4268.

37. Or, *la preuve de la soustraction se fait*

en additionnant le nombre soustrait et le reste, afin de s'assurer si réunis ils sont égaux au nombre dont on a soustrait.

DE LA MULTIPLICATION.

```
      148 multiplié
par    15
     ----
      740
     148
     ----
```

donne 2220 pour produit.

38. Le produit n'est-il pas 148 répété 15 fois ? Si l'on a opéré sans faire d'erreur, 148 est donc contenu 15 fois dans 2220. Pour le vérifier il suffit donc de diviser ce produit par 148:

```
2220 | 148
 740 |----
---- |  15
 000
```

39. Ainsi *la preuve de la multiplication peut se faire en divisant le produit par le multiplicande pour retrouver le multiplicateur dans le quotient.*

DE LA DIVISION.

Si je divise 3746 par 78 je trouve pour quotient 48, et un reste 2.

40. La divison me prouve donc que 3746 n'est que 78 répété 48 fois, plus 2. Pour s'en assurer, il suffit donc de regarder 78 comme multiplicande, et 48 comme multiplicateur, en ajoutant au produit le 2 qui est resté indivisible, on doit retrouver le dividende.

41. Ainsi, *la preuve de la division peut se faire en multipliant le diviseur par le quotient pour retrouver le dividende.*

DES DÉCIMALES.

42. Nous avons dit (2) que si on avait à faire connaître la valeur d'un *tas* de blé, on pouvait prendre le décalitre ou le boisseau pour unité, ou pour terme de comparaison. Mais il serait assez extraordinaire que le *tas* fut justement composé d'un nombre exact de décalitre. Il pourrait y en avoir 30 et une portion de décalitre. Il y a donc des quantités plus petites que l'unité, comme la *moitié*, le *quart*, le *dixième*, le *vingtième*, le *centième*, etc. C'est ce qu'on appèle *fractions*.

D'après ce que nous avons dit (5), nous savons que les chiffres, dans les nombres, ont des valeurs de positions : ils représentent des *unités*, des *dizaines*, des *centaines*, etc.

43. Tous les peuples civilisés ont suivi, pour la composition des nombres entiers, le système de la numération décuple, que nous avons fait connaître (5). Il serait à désirer qu'ils se fussent également accordés sur les portions plus petites que l'unité, en les divisant suivant le même système. Mais jusqu'à l'admission des nombres décimaux en France, il n'y avait que les mathématiciens qui s'y fussent conformés; par exemple, à Paris, autrefois, on divisait la *livre monnaie* en 20 *sols*, et le *sol* en 12 *deniers*. On divisait la *livre poids* en 16 *onces*, l'once en 8 *gros*, le gros en 72 *grains*.

De la composition des décimales.

427-356.

44. Dans le nombre 427 les chiffres en remontant vers la gauche ont des valeurs de dix en dix fois plus fortes (5). Dans le nombre 356, au contraire, s'ils sont décimaux, ils vont en diminuant en allant vers la droite.

Dans le nombre 427-356, le 4 représente des centaines, 2 des dizaines, et 7 des unités.

Le 3 qui, se trouve à la droite des unités, étant dix fois plus petit que des unités, représente *des dixièmes* d'unité, le 5 *des centièmes*, le 6 *des millièmes.*

Enfin, avec une plus grande suite de chiffres, on aurait *des dix millièmes*, *des cent millièmes*, *des millionièmes*, etc.

45. Dans la monnaie adoptée aujourd'hui par notre gouvernement, le *franc* représente l'*unité*, le *décime* ou *dixième* de franc est représenté par ce que nous nommons improprement pièce de deux *sols*, et *le centime* ou *le centième* par la petite pièce de cuivre plus faible que le liard ancien.

46. On n'a pas jugé à propos de pousser plus loin la division dans les monnaies, parce qu'une quantité moindre qu'un *centime* est regardée à-peu-près comme nulle dans le prix des marchandises.

47. Les mathématiciens ordinairement distinguent les décimales d'avec les unités, en les séparant par une virgule : de sorte que ce qui se trouve à la droite de la virgule ne marque plus que des fractions décimales : nous préférons employer un petit *tréma*.

48. Il faut observer que, dans les comptes,

on ne parle pas des décimes du franc, parce qu'on les réduit en centimes par la pensée.

Dans 0-2 *décimes* ou 0-20 *centimes*, ou 0-200 *millièmes*, on trouve la même valeur. Le premier nombre représente 2 *dixièmes* ou *la cinquième partie de l'unité*, puisqu'il faut dix dixièmes pour une unité : le second représente 20 *centièmes*, ou de même *la cinquième partie de l'unité;* et le troisième représente 200 *millièmes*, ou encore *la cinquième partie de l'unité*, puisque *cent centièmes*, ainsi que *mille millièmes*, composent une unité.

Concluons qu'on *peut toujours ajouter des zéro à la suite des chiffres décimaux, sans en changer la valeur;* car, si, d'un côté, on rend les parties de l'unité de dix en dix fois plus petites, on rend en même temps les nombres de dix en dix fois plus grands.

Voilà pourquoi, dans cette valeur 23-2, s'il est question de monnaie, on dira 23 fr. 20 c.; et dans cette autre, 8-25, on dira sur le champ *huit francs vingt-cinq cent.*, afin de ménager une expression, puisqu'autrement il faudrait dire 8 *francs*, 2 *décimes*, 5 *cent.* Enfin dans les fractions décimales on prend toujours pour expression terminale celle qui se tire de la plus petite espèce du nombre ; par exemple, dans 23-2734, on dira *vingt-trois* unités, *deux mille sept cent trente-quatre* dix millièmes.

Réduction de fractions ordinaires en décimales.

50. Dans les fractions ordnaires, telles que les $\frac{1}{2}$, les $\frac{1}{3}$, les $\frac{1}{7}$, les $\frac{4}{11}$, etc., le chiffre qui se place au-dessus de la ligne en est le *numérateur*, et celui qui se met au-dessous en est le *dénominateur*. Ce dernier représente l'*unité*, et indique en combien de parties elle est divisée : *deux demies*, *trois tiers*, *sept septiemes*, etc. représentent *une unité*.

51. Dans les décimales le *dénominateur* ne se marque point, on se contente de le prononcer ; un *décime*, ci 0-1, est la même chose que $\frac{1}{10}$ (*un dixième*).

52. Dans les fractions figurées, qu'on appèle *nombres fractionnaires*, où le numérateur est plus fort que le dénominateur, comme dans $\frac{7}{3}$, il y a des entiers. Pour les obtenir, il faut diviser, en regardant le numérateur

comme dividende et le dénominateur comme diviseur : 7 divisé par 3 donnerait 2 *unités*, et de $\frac{1}{3}$ reste.

53. En ajoutant un zéro à la suite de ce 1 ou plutôt de ce $\frac{1}{3}$ de reste, nous en ferions 10. Mais comme ce serait une quantité dix fois trop forte, ne rétablirions-nous pas l'équilibre si nous ne la considérions que comme *des dixièmes* au lieu d'*unités?* En ajoutant encore un zéro ; elle serait 100 fois trop forte, et nous rétablirions encore l'équilibre, si nous ne la considérions que comme des *centièmes*.

Maintenant, comme nous savons qu'il ne nous faut que la troisième partie de 1, ou de 10 dixièmes, ou de 100 centièmes, si nous divisons 100 par 3, le quotient 33, que nous obtiendrons, marquera des parties cent fois plus petites que l'unité, c'est-à-dire, des *centièmes*. Alors, au lieu de $\frac{7}{3}$, ou de $2\frac{1}{3}$, nous aurions 2-33, avec un reste qu'on pourrait négliger, comme étant d'une valeur sans conséquence (46), attendu qu'elle est moindre que la centième partie d'une *unité*.

54. Ce qui nous démontre que *toute fraction peut être réduite en décimales, en ajoutant au numérateur autant de zéro qu'on*

veut avoir de chiffres décimaux, et en divisant ensuite ce numérateur par le dénominateur.

Premier Exemple.

Pour réduire $\frac{2}{5}$ en centimes, c'est-à-dire, à 2 chiffres décimaux, on ajoute 2 zéros au numérateur, et l'on divise par 5.

$$\begin{array}{r|l} 200 & 5 \\ \hline 00 & 40. \end{array}$$

Donc $\frac{2}{5}$ sont égaux à 0·40 ou à 0·4 sans reste, parce que la fraction est entièrement divisible.

Second exemple.

Dans $\frac{2}{11}$, si on veut avoir trois chiffres décimaux, c'est-à-dire, des millièmes, il faut ajouter 3 zéro au numérateur, et diviser par 11 : on trouve 0·272 millièmes, à moins d'un millième près qu'on croit pouvoir négliger comme d'une valeur à-peu-près nulle, mais qu'on pourrait apprécier, si on le jugeait nécessaire, jusqu'à l'infini, en cherchant un plus grand nombre de chiffres décimaux.

Troisième exemple :

55. Pour réduire 5 onces 3 gros 11 grains en fractions décimales de la livre ancienne, je réduis d'abord le tout en grains.

Je multiplie 5 onces par 8 (43), elles me donnent 40 gros, et 3 qui se trouvent dans la question, font 43; multipliant ce nombre par 72, puisque chaque gros vaut 72 grains, j'ai 3096 grains, et 11 qui se trouve dans la question, font 3107 grains, au lieu de 5 onces 3 gros 11 grains.

Mais si l'once est la seizième partie de la livre, le gros en est la 128 partie, puisqu'il y en a 8 dans chaque once; par la même raison, ayant 72 grains dans chaque gros, le grain est la 9216 partie de la livre; par conséquent 5 onces 3 gros 11 grains, ou 3107 grains valent $\frac{3107}{9216}$ de livre.

Maintenant si on ajoute 3 zéros au numérateur de cette fraction (54), et qu'on le divise par son dénominateur, on trouvera 0-337 de la livre, pour valeur de 5 onces 3 gros 11 grains, à moins d'un millième près.

Réflexions particulières sur l'effet de la position des décimales dans les nombres.

Exemple : dans 375-426, si nous changeons le signe des décimales de cette manière, 37-5426, nous voyons que le 3 qui était des centaines devient des dizaines ; ce qui était des dizaines devient des unités ; ce qui était des unités devient des dixièmes, et ainsi de tous les autres chiffres.

Au contraire, si nous plaçons le tréma de cette autre manière, 3754-26, nous voyons que ce qui était des centaines devient des mille ; ce qui était des dizaines devient des centaines, etc.

56. *Or, dans un nombre où il y a des décimales, si on remonte le* tréma *d'un ou deux chiffres*, etc. *vers la gauche, on diminue le nombre de dix ou de cent fois, ou on le divise par* 10 *ou par* 100, etc. ; *au contraire, si on descend le* tréma *vers la droite d'un ou deux chiffres*, etc., *on augmente le nombre de* dix *ou* de cent fois, *ou on le multiplie par* 10 *par* 100, etc.

DE L'ADDITION DES DÉCIMALES.

57. Les parties décimales, comme les au-

tres nombres, ayant une valeur dix fois plus grande à mesure qu'on avance vers la gauche (5 et 44), la règle pour les additionner est absolument la même que pour les nombres entiers; il suffira de mettre les nombres de même ordre les uns sous les autres.

Premier exemple :

	27-073
	115-705
	36-7
	9-009
Total...	188-487

Second exemple :

	0-786
	0-28
	0-95
Total...	2-016

Troisième exemple :

	7 fr.	70 cent.	
	3 —	25	
	8 —	40	
	17 —	80	
Total...	37 fr.	15 cent.	

Quatrième exemple :

	28 mèt.	6 déc.	8 cent. de travaux.
plus —	17 ——	3 ——	5
plus —	13 ——	9 ——	7
plus —	4 ——	2 ——	1
donnent pour total.	64 mèt.	2 déc.	1 cent.

DE LA SOUSTRACTION DES DÉCIMALES.

58. Dans la soustraction des décimales, on rend l'opération moins embarrassante, en égalant par des zéros celui des deux nombres décimaux qui en a le moins.

Premier exemple :

Si de 78-8, il s'agit de soustraire 25-958,

dites : de 78-800
soustraire 25-958

il reste 52-842

Second exemple :

Si de 175 fr. il s'agit de soustraire 162 fr. 73 cent.

dites : de	175 fr. 00
soustraire	162 fr. 73. cent.
il reste	12 fr. 27 c.

Troisième exemple :

de	42 mèt. 7 déc. de chaine de métal.
soustraire	17 —— 8 —— 7 centimètres
il reste	24 mèt. 8 déc. 3 centimètres.

DE LA MULTIPLICATION DES DÉCIMALES.

59. Dans la multiplication, le multiplicateur, avons-nous dit (13), indique combien de fois il faut répéter le multiplicande.

Nous avons observé (14) que des unités, multipliées par des unités, donnaient des *unités*; que des dizaines, par des dizaines, donnaient des *centaines*, etc.

(59 *bis*). Si j'ai 6 à multiplier par 2, j'aurai 12, et par 1 je n'aurai que 6. S'il s'agissait

de multiplier par une quantité encore dix fois plus petite que 1, c'est-à-dire, par 0-1, on aurait donc un produit dix fois plus faible que 6; il ne vaudrait donc que 0-6. En effet, si le multiplicateur est 1 dixième, il indique qu'il faut répéter, ou, ce qui est la même chose, prendre le multiplicande un dixième de fois.

En multipliant 42
par 0-7 *dixièmes*,

nous trouvons 294 dixièmes;

ce qui est la même chose que 29 unités 4 dixièmes; ci 29-4.

Si le nombre 6, mentionné (59 *bis.*) ci-dessus, au lieu d'unités, n'eût représenté lui-même, ainsi que le multiplicateur 1, que des dixièmes, le produit aurait encore été dix fois plus faible, et au lieu d'avoir 0-6, on n'aurait eu que 0-06; attendu que ce n'aurait été que prendre la dixième partie de 6 dixièmes.

60. Ce qui nous démontre que multiplier des unités par des dixièmes, ou des dixièmes par des unités, donne pour produit *des dixièmes;* que multiplier des dixièmes par

des dixièmes donne pour produit *des centièmes*; que multiplier des dixièmes par des centièmes donne pour produit *des millièmes*, etc.

Premier exemple :

En multipliant	0-2
par	4
je trouve	0-8

Second exemple :

En multipliant	0-6
par	0-3
je trouve	0-18

Troisième exemple :

En multipliant	0-6
par	0-03
je trouve	0-018

61. Ce qui nous indique que *dans la multiplication des nombres décimaux, il y a toujours autant de chiffres décimaux, dans le*

produit, qu'il y en a tant dans le multiplicande que dans le multiplicateur, et qu'alors on peut toujours multiplier sans faire d'abord attention aux décimales; qu'il suffit, après la multiplication effectuée, de déterminer par le tréma les chiffres qui doivent être décimaux.

Quatrième exemple :

multiplier 23-73
par 6-2

4746
14238

donne 147-126 pour produit.

Cinquième exemple :

à 25 fr. 74 cent.
combien 10 kilog. 4 gram. de thé.

10296
25740

267-69~~6~~

Je trouve, après avoir retranché trois chiffres pour en faire des décimales (61) et négligé le dernier, afin de me borner aux centimes, 267 fr. 69 c.

Sixième exemple :

A 9 fr. 45 c. par jour, combien est-ce par an? Il est évident qu'il faut multiplier par 365 qui est le nombre de jours contenus dans l'année.

```
      9 f. 45 cent.
par      365
      ------
        4725
       5670
      2835
   -----------
   3449 f. 25 cent.
```

Nous trouvons que 9 fr. 45 c. par jour font par an 3449 fr. 25 c.

De la Division des décimales.

62. La division des décimales suit la même règle que celle pour les autres nombres, à la seule différence que s'il y a moins de chiffres décimaux dans un des facteurs, le *dividende* et le *diviseur*, que dans l'autre, il faut y suppléer par des zéro : ce qui ne change rien aux valeurs.

Par exemple, s'il s'agissait de diviser 853-6 par 40-32, après avoir complетté les chiffres décimaux, on poserait la règle ainsi, sans faire attention au *tréma*.

Premier exemple :

85360	4032
4720	21
688	

Le quotient est 21 à moins d'*une* unité près.

63. On appercevra sans doute facilement pourquoi la suppression de la virgule ne peut rien changer au quotient, quand on a completté le nombre des chiffres décimaux dans les deux facteurs; car dans notre exemple (27) 85360 centièmes ne peuvent pas contenir plus de fois 4032 centièmes, que 85360 unités ne contiendraient 8232 unités.

64. Dans la règle ci-dessus, il est resté 688 qui ne pouvant plus contenir le diviseur, forme la fraction $\frac{688}{4032}$. Mais comme le but des décimales est de n'avoir point de fraction, il faut ajouter 1, 2 ou 3 zéro, etc. (54) au reste, et continuer la division.

Suite du premier exemple.

```
68800 | 4032
2848ø |-----
      | 17
  256
```

Ayant poussé l'opération jusqu'au centième, nous avons donc trouvé que 40-32 étaient contenus 21 fois 17 centièmes de fois dans 853-6.

Second exemple :

On a eu pour 142 fr. 74 c., la quantité de 25 kilogrammes 7 décigrammes de café moka. Combien est-ce le kilogramme ? il est évident qu'il faut diviser le prix par le nombre de kilogrammes. Mais avant d'opérer, il faut compléter le nombre des chiffres décimaux dans le nombre qui en a le moins, c'est-à-dire dans le diviseur.

```
14274  { 25-70
1424ø  {------
 1390ø {  5-55
 -----
 1050
```

On trouve que le kilogramme de café revient à 5 fr. 55 c. à moins d'un cent. près.

65. Le seul cas où l'on pourrait se dispen-

ser, dans une division, de compléter le nombre des chiffres décimaux dans les deux facteurs, c'est quand il n'y en a que dans le dividende.

Propose-t-on de partager, 783 francs 85 centimes, en 23 parties,

Il faut diviser ainsi :

```
783-85 | 23
 93    |------
  185  | 34-08
    1
```

Chaque partie sera donc de 34 fr. 08 cent.

Enfin, si on a une division de nombre quelconque qui ne puisse se faire exactement, on voit par les exemples précédens (64) qu'il est facile de réduire les parties du quotient qui ne peuvent valoir une unité, en décimales, en ajoutant les zéros nécessaires pour que ce qui reste au dividende, après qu'on a trouvé ce qu'il contient de fois le diviseur en nombres entiers, puisse contenir encore le diviseur.

Le premier zero ajouté, rendant les unités de ce reste, dix fois plus nombreuses, et parconséquent d'une valeur dix fois moindre que celles qui ont donné des nombres entiers, donnent des dixièmes; le second des centièmes, (54) etc.

Exemple :

2000 fr. par an, combien est-ce par jour ? Le diviseur doit être 365 qui est le nombre de jours contenus dans l'année.

$$\begin{array}{r|l} 2000 & 365 \\ \cline{2-2} 175\not{0} & 5\text{–}47 \\ 290\not{0} & \\ \hline 345 & \end{array}$$

Après avoir trouvé 5 fr., nous avons un reste au dividende de 175 qui ne peut plus contenir le diviseur 365, une unité de fois. Nous y ajoutons un zéro, et nous avons 1750 qui ne sont plus que des décimes, par rapport au dividende et au diviseur ; et s'il contient le diviseur 4 fois, ce nombre ne peut représenter que des dixièmes d'unité.

Nous trouvons encore un reste de 290. Pour le rendre assez fort pour contenir le diviseur nous y ajoutons un nouveau zéro, et nous trouvons 7 à porter au quotient qui doivent représenter des parties dix fois plus petites que des dixièmes, et par conséquent des centièmes.

2000 fr. par an donnent donc 5 fr. 47 c. par jour, à moins d'un centime près.

DES FRACTIONS.

66. On entend ordinairement par fractions le $\frac{1}{2}$ les $\frac{7}{9}$ les $\frac{33}{49}$, etc., c'est-à-dire les portions plus petites que l'unité (42) qui ne sont pas régulièrement subdivisées en d'autres unités inférieures à l'unité principale, comme lorsqu'on divise les toises en pieds et les pieds en pouces, etc.

Dans une pièce de drap j'en trouve 20 aunes et un reste. Après avoir comparé ce reste à l'aune, je vois qu'il n'en forme que la onzième partie. Alors j'exprime ce reste par $\frac{1}{11}$ (*un onzième*) et je dis qu'il y a 20 aunes $\frac{1}{11}$ d'aune de drap dans la pièce.

Des entiers sous la forme de fraction et des opérations qu'on peut faire sur les fractions sans en changer la valeur, et principalement *de leur réduction à l'expression la plus simple.*

67. Nous avons vu (52) qu'un nombre plus grand qu'une fraction pouvait être mis sous la forme de fraction ; $\frac{7}{3}$ par exemple, qui est égal à 2 unités $\frac{1}{3}$.

68. Ceci nous porte à observer qu'on peut

toujours mettre des entiers sous la forme de fraction, en les multipliant par le dénominateur qu'on veut leur donner. Par exemple, si je veux mettre 6 sous la forme de cinquièmes ou de dixièmes, je multiplie par 5 ou par 10 et j'ai $\frac{30}{5}$, ou $\frac{60}{10}$; nombres, l'un et l'autre égaux à 6.

69. D'où je conclus *qu'on peut multiplier les deux termes d'une fraction par un même nombre, sans en changer la valeur.* Car dans $\frac{30}{5}$, en multipliant le *numérateur* et le *dénominateur* par 2, on a $\frac{60}{10}$; en les multipliant par 4, on aurait eu $\frac{120}{20}$, nombre toujours égal à 6.

70. Or nous conclurons de même *qu'on peut diviser les deux termes d'une fraction par un nombre égal sans en changer la valeur.* Les deux termes de $\frac{8}{12}$ divisés par 2 donnent $\frac{4}{6}$; les deux termes de cette dernière fraction encore redivisés par 2 donnent $\frac{2}{3}$ égal à $\frac{8}{12}$.

Observons que $\frac{2}{3}$ est la plus simple expression que puisse avoir la fraction $\frac{8}{12}$, attendu que ses deux *termes* ne sont plus divisibles par un même nombre.

Si j'avais $\frac{9}{21}$ je pourrais diviser les deux termes par 3 et j'aurais $\frac{3}{7}$, ce qui est encore la plus simple expression que puisse avoir cette fraction.

71. Pour connaître si les deux termes d'une fraction sont divisibles par un même nombre, il faut remarquer :

1°. Que tout nombre terminé par un chiffre pair est divisible par 2;

2°. Que tout nombre terminé par 5 ou par o est divisible par 5;

3°. Que toute quantité de chiffres qui composent ensemble, pris comme unité, un nombre de fois 3, est divisible par ce même nombre, attendu qu'elle en est des multiples. 21, dont les chiffres, pris comme unités, valent 3, est composé de 7 fois 3; de même 33, dont les chiffres, pris comme unités, valent 6, est composé de 11 fois 3, etc.

Exemple : Si j'ai la fraction $\frac{7488}{8676}$, en divisant ces deux termes par 3, j'ai $\frac{2496}{2892}$ ou $\frac{832}{964}$; en les divisant ensuite par deux, j'ai $\frac{416}{482}$ ou $\frac{208}{241}$: ce qui est la plus simple expression que puisse avoir cette fraction.

72. On peut avoir aussi le plus grand commun diviseur des deux termes d'une fraction, en divisant son terme le plus grand par le plus petit. S'il n'y a point de reste,

c'est le plus petit terme qui est le plus grand diviseur commun.

Exemple : Supposons la fraction $\frac{734}{2202}$. En divisant 2202 par 734, l'opération se fait sans reste. Ainsi 734 peut diviser le numérateur et le dénominateur, et la fraction se réduit à $\frac{1}{3}$.

S'il y avait un reste, il faudrait diviser le plus petit terme par ce reste, et si la division se faisait exactement, c'est ce reste dont on s'est servi pour diviser, qui serait le plus grand diviseur commun.

Exemple : Supposons la fraction $\frac{196}{224}$. En divisant 224 par 196, nous trouvons un reste de 28; en divisant 196 par 28, l'opération se fait sans reste : ainsi 28 est le plus grand commun diviseur des deux termes de la fraction $\frac{196}{224}$; il peut les diviser l'un et l'autre, et il donne $\frac{7}{8}$ pour la plus simple expression que puisse avoir la fraction.

Après deux divisions, comme dans le dernier exemple, si on avait encore un reste, prenez-le pour diviser son diviseur, qui était le reste de la première division; Enfin continuez toujours de diviser le dernier reste par le reste précédent, qui a servi de dernier diviseur, jusqu'à ce que vous arriviez à une division exacte. Le dernier diviseur que vous aurez employé sera le plus grand commun diviseur des deux termes de la fraction; c'est pourquoi, si la fraction ne pouvait être réduite à une expression plus simple, le dernier diviseur se trouverait être l'unité.

Exemple : Supposons la fraction $\frac{7488}{8676}$ sur laquelle nous avons déjà opéré (71).

Dividende	Diviseur	Dividende	Diviseur	Dividende	Diviseur
8676	7488	7488	1188	1188	360
ø1188	1	360	6	108	3
360	108	108	36		
36	3	00	3		

C'est donc 36 qui est le plus grand diviseur commun que puissent avoir les deux termes de la fraction $\frac{7488}{8676}$. Cela peut se démontrer sensiblement. Puisque 108 est divisible par 36, le nombre 360 doit l'être également, attendu qu'il est composé de 36 et de trois fois 108.

Par la même raison, 1188, qui est composé de 108 et de 3 fois 360, est aussi composé d'un certain nombre de fois 36, sans reste.

En continuant le même raisonnement, on voit bientôt que 7488 et 8676 sont aussi des composés du nombre 36, puisque le premier est composé de 360 et de six fois 1188, et le dernier des mêmes nombres augmentés de 1188.

Donc le nombre 36 peut non-seulement diviser les deux termes formant la fraction proposée, qu'il réduit à $\frac{208}{241}$, comme nous l'avions déjà fait par la première méthode (71); mais il est aussi leur plus grand commun diviseur, car il ne peut pas y avoir de commun diviseur entre 8676 et 7488, qui ne le soit aussi de 1188 qui est l'excédent du plus fort nombre sur l'autre.

Entre 7488 et 1188, il ne peut pas y en avoir un qui ne le soit également de 360, qui est l'excédent du nombre de fois que le dernier est contenu dans l'autre.

Entre 1188 et 360, il ne peut y en avoir un qui ne le soit aussi de 108.

Entre 360 et 108, il ne peut y en avoir un qui ne le soit encore de 36.

Mais puisque le diviseur, pour être commun aux deux termes de la fraction $\frac{7488}{8676}$, doit aussi diviser 36, ce dernier nombre est donc leur plus grand commun diviseur ; car 36 ne peut être divisé par un nombre plus grand que par lui-même.

Si les deux termes de la fraction n'étaient point réductibles, comme dans $\frac{39}{49}$, le seul diviseur qui puisse être commun se trouverait être l'unité.

Exemple : $\begin{matrix}49\\10\end{matrix}\left\{\begin{matrix}39\\\hline 1\end{matrix}\right. \quad \begin{matrix}39\\9\end{matrix}\left\{\begin{matrix}10\\\hline 3\end{matrix}\right. \quad \begin{matrix}10\\1\end{matrix}\left\{\begin{matrix}9\\\hline 1\end{matrix}\right. \quad \begin{matrix}9\\0\end{matrix}\left\{\begin{matrix}1\\\hline 9\end{matrix}\right.$

Réduction des Fractions au même dénominateur.

73. De ce qu'on ne change point la valeur d'une fraction en multipliant ses deux termes par un même nombre (69), nous concluerons que, si on avait plusieurs fractions de dénominateurs différens, on pourrait les amener, par la multiplication, à avoir un dénominanateur commun. $\frac{2}{3}$, $\frac{3}{4}$ et $\frac{1}{2}$ sont des fractions qui pourraient être converties en douzièmes.

Pour cela on multiplierait les 2 termes de la première par 4 et l'on aurait $\frac{8}{12}$.

On multiplierait les deux termes de la seconde par 3, et l'on aurait $\frac{9}{12}$.

On multiplierait ceux de la troisième par 6, et l'on aurait $\frac{6}{12}$.

74. Mais on n'aperçoit pas toujours aussi facilement quels sont les nombres qui peuvent amener un dénominateur commun.

Voici le moyen pour l'obtenir:

Supposons $\frac{7}{11}$ $\frac{3}{4}$ $\frac{4}{7}$ et $\frac{2}{5}$.

Il faut prendre, pour multiplier les deux termes de l'une, le produit des dénominateurs des autres.

Pour multiplicateur des deux termes de la première je prens donc 140, que j'obtiens en disant 5 fois 7 font 35 et 4 fois 35 font 140, et j'ai $\frac{980}{1540}$ égal à $\frac{7}{11}$.

Pour multiplicateur des deux termes de la seconde, je prens 385, que j'obtiens en disant 5 fois 7 font 35, et 11 fois 35 font 385, et j'ai $\frac{1155}{1540}$ égal à $\frac{3}{4}$.

Pour multiplicateur des deux termes de la troisième, je trouve 220, et après la multiplication j'ai $\frac{880}{1540}$ égal à $\frac{4}{7}$.

Enfin, pour la quatrième fraction, je trouve $\frac{616}{1540}$ égal à $\frac{2}{5}$.

L'infaillibilité de cette règle doit paraître sensible, si l'on remarque que, dans chaque fraction, le nouveau dénominateur n'est que le produit de tous. Cependant la fraction n'a pu changer, attendu qu'aucun des numérateurs n'a été multiplié que par le même nombre (69) qui a servi à multiplier son dénominateur.

75. Si l'on n'avait que deux fractions, il suffirait de multiplier les deux termes de chacune par le dénominateur de l'autre.

Exemple : $\frac{3}{4}$ et $\frac{5}{11}$
donneraient $\frac{33}{44}$ et $\frac{20}{44}$

De l'Addition des Fractions.

Si les fractions ont un dénominateur commun, rien n'est plus facile que de les additionner.

Exemple :	24	mètres	$\frac{3}{8}$
	21	——	$\frac{7}{8}$
	15	——	$\frac{1}{8}$
Total....	61	mètres	$\frac{3}{8}$

Je dis : *trois huitièmes, sept huitièmes* et *un huitième font* 11 *huitièmes, qui valent une unité* et $\frac{3}{8}$: je pose les $\frac{3}{8}$, et je retiens l'*unité* pour l'additionner avec les autres.

Si l'on suppose qu'il faille additionner 7 mètres $\frac{7}{11}$, 3 mètres $\frac{3}{4}$, 5 mètres $\frac{4}{7}$, et 2 mètres $\frac{2}{5}$, il faudra réduire les fractions à avoir un dénominateur commun (74).

La question sera donc réduite à additionner,

7 mètres	$\frac{980}{1540}$	— 980
3 ———	$\frac{1155}{1540}$	— 1155
5 ———	$\frac{880}{1540}$	— 880
3 ———	$\frac{616}{1540}$	— 616
Total... 19 mètres	$\frac{551}{1540}$	3631 / 551 { $\frac{1540}{2}$

Ayant amené les fractions à un dénominateur commun, je passe hors ligne les numérateurs, pour avoir plus de facilité à les additionner. J'en divise la somme par le dénominateur commun, et je trouve 2 mètres et un reste de $\frac{551}{1540}$ de mètres. Enfin, après avoir joint, avec les unités, les 2 mètres trouvés dans l'addition des fractions, j'ai pour total des quatre quantités qui étaient à additionner 19 mètres $\frac{551}{1540}$ de mètre.

En réduisant la fraction en décimales (54), je trouverais 19 mètres 35 centimètres à un centième près.

DE LA SOUSTRACTION DES FRACTIONS.

76. Si l'on voulait soustraire 4 aunes $\frac{3}{4}$, de

19 aunes $\frac{5}{7}$, il faudrait amener les deux fractions à avoir un dénominateur commun (75).

Alors la question se réduirait à soustraire

de 19 aunes $\frac{20}{28}$
4 aunes $\frac{21}{28}$

on aurait pour reste 14 aunes $\frac{27}{28}$.

Je dis en commençant par les fractions : de $\frac{20}{28}$ ôter $\frac{21}{28}$, ou tout simplement par abstraction de 20 ôter 21, cela ne se peut ; j'emprunte une unité sur les 19 aunes qui vaut $\frac{28}{28}$: 20 que j'ai, et ces 28 que j'emprunte font 48 : de ce nombre j'ôte 21, il me reste $\frac{27}{28}$. La continuation de l'opération est trop connue (16) pour en dire d'avantage.

DE LA MULTIPLICATION DES FRACTIONS.

77 *Exemple :*

Supposons $\frac{2}{3}$ à multiplier par $\frac{4}{5}$. Si d'abord je multiplie $\frac{2}{3}$ par 4 numérateur de la fraction multiplicateur, je trouve $\frac{8}{3}$: mais comme j'ai multiplié par un nombre 5 fois trop grand, puisque 4 n'est que des cinquièmes parties d'unité, le produit est donc 5 fois trop fort ; pour le diminuer, il faut donc multiplier son dénominateur 3 par 5, et alors nous avons $\frac{8}{15}$ pour le produit de $\frac{2}{3}$ par $\frac{4}{5}$.

78 D'où nous devons conclure que *la multiplication des fractions se fait en multipliant numérateur par numérateur, et dénominateur par dénominateur.*

79. Si j'avais à multiplier $\frac{2}{3}$ par 2 unités, j'aurais $\frac{4}{3}$. Donc *la multiplication d'une fraction par des entiers se réduit à la multiplication du numérateur par les entiers sans rien changer au dénominateur.*

80. Si l'on avait à multiplier $4\frac{2}{3}$ par $5\frac{3}{5}$, on réduirait les deux nombres en fraction (67 et 68), et l'on auroit $\frac{14}{3}$ à multiplier par $\frac{28}{5}$; ce qui donnerait pour produit $\frac{392}{15}$ égal à $26\frac{2}{15}$.

DE LA DIVISION DES FRACTIONS.

Exemple :

Supposons qu'on veuille diviser $\frac{2}{3}$ par $\frac{4}{5}$.

Si je multiplie le dénominateur 3 de la fraction dividende, par 4, numérateur de la fraction diviseur, j'aurai $\frac{2}{12}$, et la fraction sera divisée par 4. Mais puisqu'il ne s'agissait de diviser que par quatre cinquièmes, partie cinq fois moins grande que 4, *le quotient*

$\frac{2}{12}$ est donc 5 fois trop faible. Or, pour rétablir l'équilibre, il faut donc multiplier son numérateur par 3, c'est-à-dire par le dénominateur de la fraction diviseur; alors on a $\frac{10}{12}$ pour quotient.

Ce qui démontre qu'après avoir renversé les deux termes de la fraction diviseur $\frac{4}{5}$ de cette manière $\frac{5}{4}$, on obtiendrait, en multipliant numérateur par numérateur et dénominateur par dénominateur, comme il suit, $\frac{2}{3}$ par $\frac{5}{4}$ qui donnent $\frac{10}{12}$, on obtiendrait, dis-je, le même résultat.

Donc nous devons conclure que *pour diviser une fraction par une fraction, il faut renverser les deux termes de la fraction qui sert de diviseur, et multiplier la fraction dividende par cette fraction ainsi renversée; c'est-à-dire les multiplier, numérateur par numérateur et dénominateur par dénominateur.*

82. Enfin s'il s'agissait de diviser des nombres entiers accompagnés de fractions par d'autres nombres entiers aussi accompagnés de fractions, on les réduirait (67 et 68) en nombres fractionnaires.

Exemple :

Diviser $42\frac{3}{4}$ par $5\frac{3}{7}$ se réduit à diviser $\frac{171}{4}$ par $\frac{38}{7}$; ce qui donne $\frac{1197}{152}$ égal à $7\frac{133}{152}$ ou réduit en décimales, à 7·87, à moins d'un centième près.

Si j'avais $\frac{1}{2}$, $\frac{1}{3}$ et $\frac{1}{7}$ etc., à diviser par 2 ; ce qui serait en prendre la moitié, je multiplierais les dénominateurs de ces fractions par 2, et j'aurais $\frac{1}{4}$, $\frac{1}{6}$ et $\frac{1}{14}$.

Si j'avais les mêmes fractions à diviser par 4; ce qui serait en prendre le $\frac{1}{4}$, je multiplierais leurs dénominateurs par 4, et j'aurais $\frac{1}{8}$, $\frac{1}{12}$ et $\frac{1}{28}$.

Si j'avais les mêmes fractions à diviser par 7, c'est-à-dire s'il me fallait en prendre le septième; je multiplierais leurs dénominateur par 7 et j'aurais $\frac{1}{14}$, $\frac{1}{21}$ et $\frac{1}{49}$.

Donc *la division d'une fraction par des entiers se réduit à la multiplication du dénominateur par les entiers sans rien changer au numérateur.*

DES NOMBRES COMPLEXES.

83. Dans le commerce (43) on n'a point suivi de systême uniforme pour la division

des parties plus petites que l'unité. Jadis, comme nous l'avons déjà dit, la livre poids était divisée en 16 onces, l'once en 8 gros et le gros en 72 grains.

La livre monnaie, dont le signe était deux guillemets barrés #, était divisée en 20 sols, et les sols en 12 deniers. La toise, encore aujourd'hui souvent en usage, se divise en 6 pieds, le pied en 12 pouces, le pouce en 12 lignes, et la ligne en 12 points.

Malheureusement ces divisions et subdivisions de l'unité principale, déjà assez embarrassantes en elles-même, n'ont pas en tout pays la même contenance : de sorte que si on est forcé de les employer dans les calculs, il faut, avant tout, prendre connaissance de la coutume suivie, à cet égard, dans la localité où l'on se trouve.

84. C'est aux nombre qui renferment ces sortes de divisions bisarres de l'unité principale, et qui font tant regretter que le système décimal ne soit pas plus généralement suivi, que les mathématiciens ont donné le nom de *complexes*.

De l'Addition des nombres complexes.

85. Quel que soit le genre de nombre que représentent les quantités, l'addition est toujours une opération fort simple : il suffit de placer les unités de même ordre les unes sous les autres, et de les additionner ensemble (12 et 57).

Premier Exemple :

25	toises	4	pieds	8	pouces	7	lignes.
15		3		5		2	
7		5		11		10	
49	toises	2	pieds	1	pouce	7	lignes.

Je commence l'addition par les lignes, la somme en est 19 : je n'en pose que 7, parce que 12 lignes faisant 1 pouce, je le retiens pour le joindre à la somme des pouces.

La somme des pouces est 24 et un de retenu fait 25 : je n'en pose que 1, parce que 24 pouces faisant 2 pieds, je les retiens.

La somme des pieds est 12 et 2 de retenus font 14 : je n'en pose que 2, parce que 12 pieds faisant 2 toises, je les retiens pour les joindre avec les toises, etc.

Second Exemple :

15 l.	17 sols	6 deniers.
4	15	9
2	12	3
23	8	4
46 l.	13 sols	10 deniers.

La somme des deniers est 22. Je n'en pose que 10, parce que 12 deniers valent 1 sol que je retiens.

86. Passant aux sols, je devrais dire 1 de retenu pour les 12 deniers et 17 font 18 et 15 font 33 et 12 font 45 et 8 font 53 : ce qui donne 2 liv. 13 sols.

Mais dans cette règle, à l'égard des sols, on avait observé qu'il était plus facile de ne compter d'abord que les unités, en négligeant la dizaine qui peut se trouver dans le nombre, lorsqu'il dépasse 9. Par conséquent, dans notre exemple, on aurait dit : 1 de retenu et 7 font 8 et 5 font 13 et 2 font 15 et 8 font 23, je pose 3 et je retiens 2 dizaines.

Remontant aux dizaines négligées, et commençant par celle du nombre 17, on aurait dit : 2 de retenues et 1 font 3 et 1 font 4 et 1 font 5. Ensuite on aurait remarqué que 5 dizaines valent 2 liv. 10 s : on n'aurait donc posé qu'une dizaine, c'est-à-dire, les 10 s., et l'on aurait retenu les 2 liv. pour les porter avec les livres, etc.

De la soustraction des nombres complexes.

87. *Premier Exemple :*

de	8 livres	7 onces	6 gros	18 grains.
Soustraire	4	13	4	21
reste	3 liv.	10 onc.	1 gr.	69 grains.

Avec 18 grains je n'en puis payer 21; j'emprunte donc sur les 6 gros, 1 gros qui vaut 72 grains, avec 18 que j'avais déjà, cela m'en fait 90; j'en soustrais 21, il m'en reste 69.

Passant aux gros; je dis de 5 gros en soustraire 4, il en reste 1.

Passant aux onces, et de 7 onces ne pouvant en extraire 13, j'emprunte sur les 8 liv. une livre qui vaut 16 onces, avec les 7 que j'avais déjà, cela fait 23; j'en soustrais 13; il m'en reste 10, etc.

Deuxième Exemple:

de	17 ₶.	0 s.	4 d.
Soustraire	5	13	6
il reste	11 l.	6 s.	10 d.

Avec les 4 deniers ne pouvant en payer 6, il me faudrait emprunter 1 sol; mais comme il n'y a point de sols, je passe aux liv. : j'en emprunte *une* qui vaut 20 sols; j'en laisse 19 par la pensée sur le zéro tenant la place des sols, en le marquant par un point; et il m'en reste 1 qui vaut 12 deniers et 4 que j'avais déjà font 16 : j'en soustrais 6, il m'en reste 10, etc.

De la multiplication des nombres complexes.

88. Si on voulait savoir à combien s'elève le prix de 23 toises d'ouvrage à 15 l. 12 s. 6d. la toise, il faudrait répéter 15 ₶. 12 s. 6 d. 23 fois (13), c'est-à-dire les multiplier par 23. Voici le moyen d'abréger l'opération:

Premier Exemple :

	15 l.	12 s.	6 d.
par	23		
	45		
	30		
	11	10 s.	
	2	6	
		11	6 d.
	359	7	6

Après avoir multiplié 15 par 23, j'observe que ce n'était pas seulement 15 l. qu'il fallait multiplier, mais encore 12 s. 6 d.

Je crois, ce me semble, qu'il faut ainsi raisonner : si j'avais 1 l. au lieu de 15 l. à multiplier par 23, jaurais pour produit 23 l. Si je n'avais que la moitié de 1 livre, je n'aurais que 11 $\frac{1}{2}$, c'est-à-dire, la moitié du multiplicateur, ou 11 l. 10 s.

Or, si je pose aux produits partiels la moitié de ce que donnerait une unité du multiplicateur, c'est-à-dire, 11 l. 10 s., il y aura 10 s. du multiplicande qui se trouveront multipliés par le multiplicateur : il ne resterait donc plus que 2 sols, attendu qu'il y en a 12 dans le multiplicande.

Mais si 10 sols me donnent un produit de 11 livres 10 sols, 2 sols me donneront la cinquième partie de cette somme, c'est-à-dire, 2 livres 6 s.

Cette dernière somme étant le produit de 2 sols, si j'en prens le $\frac{1}{4}$, c'est-à-dire, 11 s. 6 deniers, j'aurai celui des 6 deniers du multiplicande.

Additionnant les produits partiels, j'ai un produit total de 359 livr. 7 s. 6 d. pour la somme à laquelle s'élèvent les 23 toises, à 15 l. 12 s. 6 d. l'une.

89. La multiplication serait bien plus compliquée si le multiplicande et le multiplicateur étaient complexes l'un et l'autre.

Second Exemple :

A 15 livr. 12 s. 6 d. la toise, combien 23 toises 5 p. 2 pouces.

45			
30			
11	10		
2	6		
	11	6	
7	16	3	
5	4	2	
	8	8	$\frac{1}{6}$
372	16	7	$\frac{1}{6}$

Je multiplie comme dans l'exemple précédent, les 15 fr. 12 s. 6 d. par 23, sans faire d'abord attention aux 5 pieds 2 p.

Cette première partie de l'opération terminée, j'observe que 3 pieds font la moitié de la toise et doivent donner pour produit 7 l. 16 s. 3 d., moitié de 15 l. 12 s. 6 d., prix d'une toise.

Il reste 2 pieds ; j'observe que c'est le tiers de la toise. Il doivent donc produire 5 l. 4 s. 2 d., tiers du prix d'une toise.

Il reste encore 2 pouces : j'observe que c'est le douzième de 2 pieds ; et comme je viens de poser le produit de deux pieds, il me suffit d'en prendre le douzième, c'est-à-dire, 8 s. 8 d. $\frac{1}{6}$, pour obtenir celui de 2 pouces.

90. Remarquons que si on eût trouvé trop embarrassant de prendre le douzième, on aurait pu prendre à part un faux produit. Par exemple, après avoir trouvé le produit de deux pieds, on aurait pu prendre celui de 1, afin de trouver plus aisément sur ce dernier celui de deux pouces.

91. Nous n'insisterons pas davantage sur la multiplication des nombres complexes; on a dû voir, dans ce que nous en avons rapporté, que les opérations s'y réduisent à trouver les produits par portions, et d'après la division des parties *aliquotes* de l'unité principale, c'est-à-dire des parties qui étant réunies peuvent la composer sans reste. Le sol est partie *aliquote* de la livre, le pied l'est de la toise, et le pouce l'est du pied, etc.

92. On a dû observer également que la multiplication des nombres complexes peut toujours se réduire à la multiplication d'une fraction par une fraction. Si on ne suit pas toujours cette méthode, c'est qu'elle exige trop de calcul.

Dans notre exemple, on eût pu réduire 15 l. 12 s. 6 d. tout en deniers: ce qui en aurait donné 3750; et comme le denier est la 240ᵉ partie de la livre, le mutiplicande aurait été représenté par $\frac{3750}{240}$ de livre.

Le multiplicateur, réduit aussi à sa plus petite espèce, donnerait 1718 pouces; et, comme le pouce est la 72ᵉ partie de la toise, ce multiplicateur serait représenté par $\frac{1718}{72}$ de toise.

De sorte que la question se réduirait à multiplier $\frac{3750}{240}$ par $\frac{1718}{72}$, ce qui donnerait $\frac{6442500}{17280}$ ou (70 et 71) $\frac{107375}{288}$ de livres, égal à 372 l. 16 s. 7 d., ou à (54) 372 l. 82 centièmes de livre, comme il est expliqué ci-après :

```
107375 { 288
         ———
  2097 { 372ᵗᵗ  16 s.  7 d.  1/4
  0815
   239
    20 s.
  ————
  4780
  1900
   172
    12 d.
  ————
   344
  172
  ————
  2064
   048
```

Après avoir trouvé les 372 l., on a eu un reste de 239; on l'a multiplié par 20, après l'avoir rendu par ce moyen vingt fois plus nombreux, et par conséquent ces parties vingt fois plus petites que des unités; et, l'ayant divisé, il est certain que les unités qu'on a trouvées à porter au quotient étant vingt fois plus petites que des livres, doivent représenter des sols.

On a encore eu un reste de 172; l'ayant rendu douze fois plus nombreux, la division qu'on en a faite a dû donner des parties douze fois plus petites que des sols; elles doivent par conséquent représenter des deniers. Ainsi la fraction $\frac{107375}{288}$ de livre est égale à 372 liv. 16 sols, 7 d. $\frac{1}{6}$.

Si on eût voulu se borner à avoir des décimales de la livre, on eût ajouté simplement autant de zéros au premier reste, 239 (54), qu'on eût désiré avoir de chiffres décimaux, et l'on eût trouvé 372 l. 82 centièmes de livre.

94. Je crois qu'il est inutile d'observer que si le multiplicande était composé de francs et de centimes, cela n'apporterait aucun changement dans l'opération du premier exem-

ple (88). On pourrait prendre par portion, pour les centimes, comme on a pris pour les sols et les deniers.

Cependant il serait plus simple de se conformer à la multiplication que nous avons indiquée (61) en traitant des décimales.

Exemple :

à 15 fr. 62 c. la toise,
combien 23 toises d'ouvrage ?

4686
3124

le produit est de 359f. 26c.

95. Dans le second exemple que nous avons donné (89), on rendrait la multiplication fort simple, en réduisant le multiplicateur, 23 toises 5 pieds 2 pouces et le multiplicande, 15 liv. 12 s. 6 d., en décimales (55).

Dans ce cas, la question se changerait ainsi, en conduisant jusqu'à trois chiffres décimaux les fractions des deux facteurs.

La toise à 15ᵗᵗ. 625 millièmes de livre. combien 23 t. 862 millièmes de toise ?

31250
93750
125000
46875
31250
372ᵗᵗ 84 c. 3750

Retranchant, pour avoir les décimales, autant de chiffres décimaux qu'il y en a, tant dans le multiplicande que dans le multiplicateur (62), et négligeant ensuite ceux qui représentent moins que des centièmes, nous trouvons 372 ᵗᵗ. 84 cent. de livre pour le prix de 23 toises 5 pieds 2 pouces d'ouvrage, à 15ᵗᵗ. 625 millièmes de livre.

DE LA DIVISION DES NOMBRES COMPLEXES.

96 *Si le dividende et le diviseur sont d'espèces différentes, et que le dividende soit seul complexe, la division n'exige point de préparation.*

Exemple : 3621. 17 s. sont donnés pour le

paiement de 25 toises d'ouvrage : combien est-ce la toise?

```
   362 l. 17 s. { 25
   112          { 14 l. 10 s. 3 d.
    12
par 20
   240
    17
   257 s.
     7
par 12
    84 d.
     9
```

Après avoir trouvé 25 contenu 14 fois dans 362, il me reste 12 que je sais être 12 liv. : je les réduis en sols, en y joignant les 17 du dividende, j'en ai 257 : je les divise par 25, et je trouve 10 : ce sont des sols, parce que j'ai divisé dans des parties que je venais de rendre 20 fois plus petites que des liv. Il me reste 7 sols, je les réduis en deniers : j'en ai 84 : je les divise par 25, et je trouve encore 3 deniers à poser au quotient. J'ai donc, pour le prix de la toise, 14 liv. 10 sols 3 deniers, à moins d'un denier près.

Il doit paraître évident qu'on pourrait faire l'opération par une division de fraction, 362 l. 17 sols est égal à $\frac{7257}{20}$ de livre. Ainsi, l'opération se réduirait donc à diviser cette fraction par 25 (82). On trouverait $\frac{7257}{500}$ égal à 14 liv. 10 sols 3 deniers.

97. *Si le dividende et le diviseur sont complexes, et d'espèce différente, il faut, avant de diviser, réduire le diviseur à sa plus petite espèce, et multiplier le dividende par le nombre qui exprime combien il faut de parties de la plus petite espèce de ce diviseur pour composer une de ses unités principales, afin de compenser dans le dividende l'augmentation qu'on porte dans le diviseur en le considérant comme nombre entier au lieu de nombre fractionnaire.*

Exemple : 27 toises 5 pieds d'ouvrage ont été payées 725 liv. 17 sols : on demande combien c'est la toise.

Je réduis les 27 toises 5 pieds tout en pieds, et j'ai 167 pieds ou $\frac{167}{6}$ de toise. Si je divisais 725 liv. 17 sols par 167, je diviserais par un nombre 6 fois trop fort. C'est pour l'éviter que je multiplie le dividende par ce nombre 6, avant de procéder à la division.

$$\begin{array}{l} 725 \text{ l. } 17 \text{ s.} \\ \quad\quad\quad 6 \\ \hline 4355 \text{ l. } 2 \text{ s.} \\ 1015 \\ \quad 13 \text{ l.} \\ \text{par } 20 \\ \hline 260 \\ \quad 2 \\ \hline 262 \text{ s.} \\ \quad 95 \end{array} \left\{ \begin{array}{l} 167 \\ \hline 26 \text{ l. } 1 \text{ s. } \frac{95}{167} \text{ de sols.} \end{array} \right.$$

Il est sans doute encore évident qu'on pourrait faire l'opération par une division de fraction : 27 toises 5 pieds est égal à $\frac{167}{6}$ de toise ; et 725 liv. 17 sols, est égal à $\frac{14517}{20}$. Ainsi la question se réduit donc à diviser cette dernière fraction par $\frac{167}{6}$: ce qui donne $\frac{87102}{3340}$ égal à 26 ₶. 1 sol $\frac{95}{167}$.

98. *Si le dividende et le diviseur étant d'unité de même espèce, doivent amener un quotient d'espèce différente, ce que l'état de la question doit faire connaître, il faudra réduire, l'un et l'autre à la plus petite espèce de leurs unités*, c'est-à-dire, à l'espèce de celles qui sont les plus petites, soit dans le dividende, soit dans le diviseur.

Exemple : On a 82 liv. 15 s. pour faire de l'ouvrage à 11 liv. 7 s. 6 d. la toise; combien pourra-t-on en faire de toises ?

	82 l. 15 s.	11 l. 7 s. 6 d.
par	20 s.	20 s.
	1640	220
	15	7
	1655 s.	227 s.
par	12 d.	12 d.
	3310	454
	1655	227
		6
	19860 d.	2730 d.

La question se réduit à diviser $\frac{19860}{240}$ de liv. par $\frac{2730}{240}$ de liv., ou en supprimant le dénominateur (70) à diviser 19860 par 2730 ou 1986 par 273 (   ); ce qui donne 7 toises 1 pied $\frac{59}{91}$ de pied, ou en allant jusqu'aux pouces, 7 toises 1 pied 7 pouces $\frac{71}{91}$ de pouce.

99. Nous avons donné des exemples avec des sols et des deniers, afin d'habituer aux difficultés que peuvent présenter toutes les opérations sur les nombres complexes, soit par

rapport aux divisions des monnoies chez les nations étrangères, soit par rapport aux divisions et subdivisions qu'on y fait de l'unité principale dans les arts et dans le commerce. Mais en France aujourd'hui les décimales adoptées, principalement dans les monnoies, en rendent très-faciles tous les calculs où elles entrent comme facteur. Si on avait par exemple 725 fr. 85 cent., pour le prix de 27 toises 5 pieds d'ouvrage; réduisant les 5 pieds en décimales de la toise (55), et les poussant jusqu'aux millièmes, afin de ne rien négliger qui ne puisse être considéré que comme de valeur nulle, par son infiniment petite quantité, on aurait 27 toises 833 millièmes pour diviseur de 725 fr. 85 cent. complétant le nombre des chiffres décimaux (63), l'opération se réduirait à diviser 725850 par 27833, et en poussant la division jusqu'aux cent., on trouverait 26 fr. 07 cent. pour quotient, c'est-à-dire pour la valeur d'une toise comme on le demandait.

DES PROPORTIONS.

100. On appèle *proportion*, en mathématiques, deux quantités qui sont entre elles

dans le même rapport que deux autres.

8 *est à* 2 *comme* 16 *est à* 4; c'est-à-dire, que 8 contient 2 autant de fois que 16 contient 4.

Cette contenance, qui est ici 4, est ce qu'on appèle la *raison* de la proportion, et c'est son égalité dans les deux rapports qui constitue l'exactitude de la proportion.

Dans chaque rapport d'une proportion, les deux premiers *termes* qui sont ici, 8 et 16, se nomment les *antécédens*, et les seconds *termes* 2 et 4 se nomment les *conséquens*.

Dans une proportion, les deux termes du milieu se nomment les *moyens*. Le premier et le dernier se nomment les *extrêmes*.

101. Pour avoir la raison d'une proportion il faut diviser chaque antécédent par son conséquent, ou exprimer la division par une fraction dont l'antécédent est le numérateur et le conséquent le dénominateur.

Or, la proportion ci-dessus nous donnerait les fractions $\frac{8}{2}$ et $\frac{16}{4}$ égales l'une et l'autre à 4 entiers.

102. Ce qui doit nous porter à conclure *qu'un rapport ne change point quand on*

divise ou quand on multiplie ces deux termes par un même nombre (69 et 70), puisque cela ne peut apporter aucun changement à la valeur de la raison. En effet, dans 8 *est à* 2 *comme* 4 *est à* 1, la raison serait la même que dans, 8 *est à* 2, *comme* 16 *est à* 4, et la proportion ne serait point changée.

Cette propriété sert à simplifier les rapports. Par exemple, si on avait celui de 48 à 12, on pourrait le simplifier en le réduisant à celui de 4 à 1.

Si on avait celui de $2\frac{3}{7}$ à $5\frac{2}{3}$, pour la simplifier on commencerait par mettre les 2 termes en fraction, et l'on aurait $\frac{17}{7}$ à $\frac{17}{3}$: réduisant au même dénominateur on aurait $\frac{51}{21}$ à $\frac{119}{21}$: ôtant les dénominateurs, ce qui ne fait que l'effet d'une multiplication par un même nombre sur les deux termes, on aurait 51 est à 119.

103. Dans une proportion 8 *est à* 2 *comme* 16 *est à* 4, si on multiplie les deux conséquens par la raison, on aura :

8 *est à* 2 MULTIPLIÉ PAR 4, *comme* 16 *est à* 4 MULT. PAR 4, ou 8 *est à* 8 *comme* 16 *est à* 16.

Dans cet état il est sensible que, si on

voulait avoir le produit des extrêmes et celui des moyens, on les trouverait égaux.

Mais toute proportion, par le même moyen, peut être ramenée à cette égalité évidente; et si on remarque, en fixant la première des deux qui sont énoncées ci-dessus, qu'il entre au produit des extrêmes et à celui des moyens, un facteur égal qui est la raison de la proportion, on verra qu'un même facteur n'a pu rien déranger touchant l'égalité des produits : si avec lui ils sont égaux, c'est qu'ils le sont de même sans lui.

D'où nous concluerons :

1°. Qu'*une des principales propriétés des proportions, c'est que le produit de leurs extrêmes est toujours égal à celui de leurs moyens;*

2°. Qu'*on n'empêche point qu'il n'y ait proportion en changeant les moyens et les extrêmes de place*, c'est-à-dire en mettant le second terme de la proportion à la place du troisième, et le premier à la place du quatrième, et réciproquement.

Qu'*on peut aussi mettre les moyens à la place des extrêmes et réciproquement*, attendu que de tels changemens ne dérangent point l'égalité du produit des extrêmes et des moyens.

8 *est à* 2 *comme* 16 *est à* 4,
ou 8 *est à* 16 *comme* 2 *est à* 4,
ou 4 *est à* 2 *comme* 16 *est à* 8,
ou 2 *est à* 8 *comme* 4 *est à* 16,

sont des proportions exactes.

104. En changeant les moyens de place il en doit résulter que les deux antécédens forment le premier rapport de la proportion, et les deux conséquens le second.

Donc, *les antécédens d'une proportion se contiennent l'un et l'autre de la même manière que les conséquens.*

105. Il suit que si, dans une proportion, les antécédens se contiennent l'un l'autre de la même manière que les conséquens, *on peut* (102) *multiplier ou diviser les deux antécédens, ou les deux conséquens, par un même nombre sans troubler la proportion.*

Dans 8 *est à* 2 *comme* 16 *est à* 4, en divisant les antécédens par 2, on a, 4 *est à* 2 *comme* 8 *est à* 4.

106. Si nous supposons que le premier antécédent soit contenu dans le second 2 fois,

la somme des deux le contiendra une fois de plus ; il en sera de même à l'égard des conséquens : 8 *est à* 2 *comme* 16 PLUS 8 (ou 24) *est à* 4 PLUS 2 (ou 6) ; donc *la somme des antécédens est à la somme des conséquens, comme le triple d'un des antécédens est au triple de son conséquent,* ou en divisant (102) par 3, *comme un des antécédens est à son conséquent.*

Exemple : Nous avions 8 est à 2 comme 16 est à 4 : on peut dire, 8 *plus* 16 *est à* 2 *plus* 4 *comme* 8 *est à* 2.

Dans les trois rapports 3 *est à* 9 *comme* 4 *est à* 12, *comme* 5 *est à* 15 ; on peut dire aussi : 3 *plus* 4 *plus* 5, *est à* 9 *plus* 12 *plus* 15, *comme* 3 *est à* 9.

107. Si on avait les deux rapports inégaux 9 est à 3, et 5 est à 25, ils auraient pour raison les fractions $\frac{9}{3}$ et $\frac{25}{5}$ ou $\frac{3}{1}$ et $\frac{5}{1}$ ou 3 et 5.

Si on multiplie les raisons de ces rapports, lorsqu'ils sont sous la forme de fraction, il faut que ce soit (78) numérateur par numérateur et dénominateur par dénominateur : ce qui serait multiplier antécédent par antécédent, et conséquent par conséquent, et l'on aurait $\frac{225}{15}$, ou $\frac{15}{1}$ qui, mis en rapport, donnerait 225 est à 15, ou (102) 15 est à 1; c'est-à-dire un rapport sous une raison composée du produit des deux autres raisons: puisque dans le premier rapport la raison était 3 et que dans le second elle était 5.

Donc, *si l'on a plusieurs proportions, et qu'on les multiplie par ordre, c'est-à-dire antécédent par antécédent, et conséquent par conséquent, les produits qui en résultent, sont en proportion, sous une raison égale au produit des raisons des proportions dont les termes ont été multipliés.*

Exemple : 4 *est à* 2 *comme* 12 *est à* 6,
et 15 EST A 3 COMME 25 EST A 5,
donne 60 *est à* 6 *comme* 300 *est à* 30,

108. Enfin, de la conclusion que dans une proportion le produit des extrêmes est égal à celui des moyens, nous devons penser que toutes les fois que trois termes de la proportion sont connus on peut trouver le quatrième. Par exemple, si nous connaissions les moyens, nous en formerions le produit: prenant pour diviseur de ce produit l'extrême connu, nous trouverions l'autre dans le quotient.

Exemple : 7 est à 12 comme 14 est à x.

Je multiplie 12 par 14, j'en divise le produit 168 par 7, et je trouve à porter au quotient 24 pour valeur de x, quatrième terme de la proportion.

Il serait inutile que je m'étendisse davantage sur cette dernière conséquence des proportions ; on doit voir que si les *extrêmes*, avec un *moyen*, étaient connus, en prenant ce dernier pour diviseur, on trouverait l'autre *moyen* dans le quotient.

Il est bien important de se pénétrer des principes des proportions ; car c'est avec leur secours qu'on peut très-facilement arriver à la solution des *règles de trois*, *de société*, *de fausse position*, *d'intérêt*, *d'escompte*, enfin de presque tous les calculs qui peuvent entrer dans un cours d'arithmétique à l'usage des opérations d'intérêt de la vie civile et du commerce.

DE LA RÈGLE DE TROIS.

109. La *règle de trois*, ainsi appelée, parce que dans l'énoncé de la question, il y a toujours trois termes de connus, comprend les règles de change, d'escompte, d'intérêt,

etc. Elle est simple ou composée, directe ou inverse.

DE LA RÈGLE DE TROIS DIRECTE ET SIMPLE.

110. La règle de trois est directe, lorsqu'une des quantités et sa relative peuvent former les antécédens ou les conséquens de la proportion, ou les deux termes du premier ou du second raport.

Premier Exemple :

Si on a payé avec 436 fr. 65 c. la quantité de 45 toises 5 pieds d'ouvrage ; combien payera-t-on d'ouvrage pareil, avec 782 fr. ?

436 fr. 65 cent. est la quantité relative à 45 toises 5 pieds d'ouvrage : 782 est la quantité relative au terme inconnu.

La proportion doit donc s'établir ainsi : (100).

436 fr. 65 c. est à 782 fr. comme 45 t. 5 pieds est à x, ou 436 fr. 65 c. est à 45 toises 5 pieds comme 782 fr. est à x, ou en réduisant 45 toises 5 pieds tout en pieds :

436 fr. 65 c. est à 275 pieds comme 782 fr. est à x.

Formant le produit des moyens, et divisant par l'extrême connu (108), après avoir complété dans le dividende autant de chiffres décimaux qu'il y en a dans le diviseur (62), nous trouvons, pour valeur de x, 492 pieds, à moins d'un pied près, ou 82 toises.

Second Exemple :

On demande l'intérêt que doit produire la somme de 8962 fr. à 7 centimes pour francs, ou à 7 pour cent ; ce qui est la même chose.

Il faut établir ainsi la proportion :

100 fr. est à 7 fr. comme 8962 fr. est à x *de francs*, ou 1 fr. est à 0-07 centimes comme 8962 fr. est à x.

On trouve pour la valeur de x, 627 fr. 34 cent.

Troisième Exemple :

On a touché au bout de trois ans 2840 f. 75 centimes, tant pour le remboursement du capital que pour les intérêts qui étaient à 4 pour cent par an : on demande quel était le capital ?

Si 100 deviennent 104 au bout d'un an, ils ont dû devenir 112 au bout de trois ans :

c'est pour cette valeur qu'ils sont compris dans 2840 fr. 75 cent.

Nous poserons donc ainsi la proportion; 112 est à 100 f. 75 cent. comme 2840 fr. est à x.

Nous trouvons pour valeur de x, représentant le capital demandé, 2536 fr. 38 c.

Quatrième exemple :

On avait placé 752 fr. 45 centimes, et au bout de trois ans on a reçu 842 fr. 75 centimes ; on demande à quel taux s'est élevé l'intérêt par an ?

Retranchant le placement de la recette, on a 90 fr. 30 cent. pour les intérêts de trois années : le tiers de cette somme est l'intérêt total d'une année.

Alors la proportion doit s'établir ainsi : 752 fr. 45 cent. est à 30 fr. 10 c. comme 100 est à x.

Nous trouvons pour valeur de x, 4 f., à moins d'un centime près. Ainsi l'intérêt s'est élevé à 4 fr. pour cent par an.

Cinquième exemple :

En supposant que le change de Paris sur

Bordeaux soit à 2 $\frac{1}{4}$ pour cent, c'est-à-dire 2 fr. 25 centimes, si un particulier va chez un banquier, pour avoir sur Bordeaux une lettre de change de 3000 fr.; combien doit-il verser dans la caisse du banquier?

Posez cette proportion :

100 fr. est à 102 fr. 25 c. comme 3000 f. est à x.

Nous trouvons pour valeur de x, 3067 fr. 50 cent : somme à verser dans la caisse du banquier.

Sixième exemple :

Un marchand a acheté pour 9782 fr. de marchandises à six mois de terme. Au bout d'un mois il se trouve dans la possibilité d'effectuer le payement de son acquisition : il le propose à un escompte de sept pour cent par an : que doit-il payer, si on accepte sa proposition ?

Sept pour cent par an, c'est $\frac{7}{12}$ par mois et par conséquent pour cinq mois, c'est $\frac{35}{12}$ ou 2 $\frac{11}{12}$. Il faut donc considérer que, dans le total de l'acquisition, il est entré 2 $\frac{11}{12}$ d'intérêr pour cent : la question doit donc se poser ainsi :

100 est à 97 $\frac{1}{12}$ comme 9782 est à x, ou

(68, 70 et 102) 1200 est à 1165 comme 9782 est à x.

Nous trouvons pour valeur de x, ou pour valeur à payer 9496-69 cent.

Septième Exemple :

On a placé 852 fr. à l'intérêt de 6 pour cent par an. On demande combien cette somme a dû rester placée de tems pour produire 182 fr. d'intérêt.

Il faut d'abord chercher combien 852 f. à 6 pour cent donne par an.

100 francs est à 6 f. comme 852 fr. est à x, qu'on trouve égal à 51 fr. 12 cent. Ayant trouvé pour l'intérêt total d'une année 51 f. 12 c., il faut ensuite établir cette autre proportion :

51 fr. 12 c. est à 1 *an* comme 182 est à x *d'années* : on trouve 3 ans, 6 mois, 21 jours, à moins d'un jour près, pour le temps que 852 fr. ont du rester placés avant de produire 182 fr. d'intérêt.

Huitième Exemple :

Un tuteur a eu de son pupille entre les mains 45244 fr. pendant l'espace de 4 années; de manière qu'aux années qui ont suivi la première, l'intérêt qui était à 5 pour cent par au, a produit, comme le capital, de nouveaux intérêts. De quelle somme est-il devenu comptable ?

Pour résoudre ce problême, il faut faire autant d'opérations qu'il y a d'années, en considérant, chaque année, les intérêtets et le capital primitif comme un nouveau capital simple.

1° 100 est à 105 comme 45244 f. est à x
qu'on trouve valoir 47506f 20c
2° 100 est à 105 com. 47,506f 20c est à x=49881f 51c
3° 100 est à 105 com. 49,881f 51c est à x=52375f 58c
4° 100 est à 105 com. 52,375f 58c est à x=54994f 35c

Ainsi le tuteur a dû remettre à son pupille, au bout de 4 ans, 54,994 fr. 35 c.

Neuvième Exemple :

Un marchand vend pour 4262 fr. de marchandises, à 8 mois de terme ; au bout de trois mois il a besoin d'argent ; il porte l'effet de 4262 fr. qu'il a reçu, chez un banquier qui veut bien l'escompter à 6 pour cent par an, c'est-à-dire en retenant, sur chaque 100 fr. compris dans le billet, une somme, vu les cinq mois encore à attendre jusqu'à l'échéance, proportionnée à celle de 6 fr. qu'il faudrait retenir s'il y avait encore un an à courir. Combien le banquier doit-il payer ?

Il faut raisonner ainsi la proportion :

6 pour cent par an c'est $\frac{6}{12}$ par mois, et $\frac{30}{12}$ ou 2 $\frac{1}{2}$ pour 5 mois. Donc,

100 est à 97 $\frac{1}{2}$ comme 4262 fr. est à x, qu'on trouve valoir 4155 fr. 45 c., à moins d'un centime près.

Dixième Exemple :

Une personne achète pour 2445 f. de marchandises à condition que, si elle paie avant l'échéance d'une année, on lui remettra sur le pied de 6 pour cent par an, la valeur de l'escompte à raison du temps encore à courir. Au bout de 125 jours, elle veut effectuer son paiement : que doit-elle payer ?

Il faut d'abord faire cette proportion :

365 jours est à 125 jours, comme 6 d'intérêt est à x, qu'on trouve égal à 2 $\frac{1}{18}$.

Les 6 pour cent doivent donc être réduits à 2 $\frac{1}{18}$.

Il faut donc maintenant, pour terminer la solution du problême, dire :

106 est à 102 $\frac{1}{18}$ comme 2445 fr. est à x, qui se trouve valoir 2353 fr. 54 cent. pour la somme que l'acheteur doit payer.

DE LA RÈGLE DE TROIS INVERSE ET SIMPLE.

111. La règle de trois est inverse lorsqu'une des quantités et sa relative forment ou les moyens ou les extrêmes, de manière que, dans les deux rapports de la proportion, les quantités relatives se conçoivent dans un sens opposé.

Premier Exemple :

Si le mouvement d'un terrein a été exécuté par 12 hommes en 27 jours, combien faudra-t-il d'hommes pour en exécuter un semblable en 7 jours ?

On voit qu'il faudra d'autant plus d'hommes qu'il y aura moins de jours, voilà le rapport indirect : il faudra donc poser ainsi la proportion :

7 est à 27 comme 12 est à x.

Nous trouvons, pour valeur de x, $46\frac{2}{7}$, représentant le nombre d'hommes demandés.

Second Exemple :

Il fallait, pour couvrir un meuble, 7 aunes $\frac{1}{2}$ d'étoffe à $\frac{3}{4}$ de large. Combien, pour remplacer cette étoffe, en faudrait-il d'aunes d'une autre qui n'aurait que $\frac{2}{3}$ de large?

Il en faudrait d'autant plus que sa largeur est moindre : la proportion est donc indirecte, et doit se poser ainsi :

$\frac{2}{3}$ est à $\frac{3}{4}$ comme $7\frac{1}{2}$ est à x.
ou (74) $\frac{8}{12}$ est à $\frac{9}{12}$ comme $7\frac{1}{2}$ est à x.
ou (70) 8 est à 9 comme $7\frac{1}{2}$ est à x.

Prenant le produit des moyens $67\frac{1}{2}$, et le divisant par 8 ou (69) 135 par 16 on a, pour valeur de x ou pour l'étoffe demandée, 8 aunes $\frac{7}{16}$ d'aune.

Troisième Exemple :

Une garnison n'a plus de vivres que pour 14 jours; le général voudrait encore tenir la place pendant 25 jours : on demande à combien il faudrait réduire les rations par jour.

Il faut représenter la ration journalière ordinaire par l'unité, et dire :

25 jours est à 14 jours comme 1 est à x égal $\frac{14}{25}$, ou, en réduisant en décimales, à 0-56. Il faudrait donc réduire la ration de chaque jour a 56 centièmes de ration ordinaire.

DE LA RÈGLE DE TROIS COMPOSÉE.

112. Dans la règle de trois composée, le rapport de la quantité cherchée à la quantité qui entre dans l'énoncé de la question, n'est pas donné par le rapport simple des deux autres quantités; mais par plusieurs rapports simples qu'il s'agit de composer (107), pour réduire la question à la règle de trois simple.

Premier exemple :

21 terrassiers, en 12 jours, ont fait une levée de terrein de 723 mètres cubes : on demande combien, à travail égal, 55 hommes en leveraient en 7 jours?

Il faut poser ainsi la question :

$$\left.\begin{array}{l}21 \text{ est à } 55\\ 12 \text{ est à } \ \ 7\end{array}\right\} \text{ comme } 723 \text{ est à } x.$$

ou (107) 252 est à 385 comme 723 est à x.

Nous trouvons, pour valeur de x, 1104 mètres 56 centimètres.

Cette manière de procéder nous fait voir qu'en considérant 21 hommes, travaillant pendant 12 jours, c'était autant que 252 hommes pendant un jour, que 55 pendant sept jours, c'était aussi autant que 385 pendant un jour, et qu'alors nous eussions pu poser simplement cette proportion, 252 *est à* 385 *comme* 723 *est à x.*

Second exemple :

21 terrassiers en 12 jours ont levé 723 mètres cubes de terre, en travaillant 8 heures par jour : on demande combien, à travail égal, 55 hommes en leveraient en 7 jours, s'ils travaillaient 10 heures par jour.

La proportion doit se poser ainsi (107) :

$$\left.\begin{array}{r} 21 \text{ est à } 55 \\ 12 \text{ est à } 7 \\ 8 \text{ est à } 10 \end{array}\right\} \text{comme } 723 \text{ est à } x.$$

ou 2016 est à 3850 comme 723 est à x.

Nous trouvons 1380 mètres, à moins d'un mètre près, pour valeur de x, représentant le nombre des mètres demandés.

Troisième exemple :

Un fabriquant, travaillant 3 heures par jour a mis 12 jours à faire 22 aunes de percale. S'il travaillait 9 heures par jour combien en mettrait-il pour faire 31 aunes de la même percale ?

La proportion doit se poser ainsi,

22 est à 31 comme $\begin{cases} 3 \text{ est à } 9, \\ 12 \text{ est à } x, \end{cases}$

ou (107) 22 est à 31 comme 36 est à $9x$.

Nous trouvons pour valeur de $9x$, $50 \frac{8}{11}$, et par conséquent pour valeur de x, $5 \frac{7}{11}$ représentant le nombre de jours demandés.

DE LA RÈGLE DE SOCIÉTÉ.

113. La règle de société a pour but de partager un nombre en plusieurs parties, qui ayent entr'elles des rapports donnés. Elle est fondée sur ce qui a été dit en traitant des proportions (106).

Premier exemple :

Trois personnes ont fait en commun un bénéfice de 5282 fr. On veut le partager, en raison de leurs mises de fonds réciproques (1).

La première personne a mis 5500 fr. ; la seconde 3700 fr., et la troisième 2900 fr.

Il faut poser ainsi la proportion (106) :

---

(1) Dans le commerce, le bénéfice s'appèle le *dividende*, et la réunion des mises s'appèle le *capital*.

5500 fr., plus 3700 fr., plus 2900 est à 5282 fr.

ou 12100 est à 5282 comme $\begin{cases} 5500 \text{ fr. est à } x. \\ 3700 \text{ fr. est à } y. \\ 2900 \text{ fr. est à } z. \end{cases}$

Nous trouvons pour valeur de x, 2400 f. 90 c.
pour valeur de y, 1615 f. 15 c.
pour valeur de z, 1265 f. 93 c.;
quantités formant les portions du dividende qui reviennent à chacun des associés.

La question eût pu être beaucoup plus compliquée, si les mises de fonds eussent eu un cours inégal dans l'association.

Second exemple:

Trois personnes on fait en commun un bénéfice de 5282 fr. qu'il s'agit de partager en raison de leur mise de fonds. La première personne a mis dans l'association 5500 fr. pendant deux mois; la seconde 3700 fr. pendant cinq mois, et la troisième 2900 fr. pendant ː rois mois et demi.

Il convient de réduire toutes les mises à un même tems en cette manière:

La première mise de 5500 fr. a eu cours pendant deux mois; en la multipliant par deux on aurait 11000 fr. qui, dans le cours d'un mois, auraient produit autant que 5500 f pendant deux mois.

La seconde mise de 3700 fr. a eu cours pendant cinq mois; en la multipliant par cinq on aurait 18500 fr. qui, dans le cours d'un mois, auraient produit autant que 3700 fr. pendant cinq mois.

La troisième mise de 2900 fr. a eu cours pendant deux mois et demi, en la multipliant par $2\frac{1}{2}$ on aurait 7250 fr. qui, également dans le cours d'un mois, auraient produit autant que 2900 fr. pendant deux mois et demi.

Alors la proportion doit se poser ainsi :

11000 fr., plus 18500 fr., plus 7250 fr. est à 5282,

ou 36750 est à 5282 comme $\begin{cases} 11000 \text{ f. est à } x \\ 18500 \text{ f. est à } y \\ 7250 \text{ f. est à } z. \end{cases}$

Nous trouvons pour valeur de x 1581 fr.
pour valeur de y 2658 f. 96 c.
pour valeur de z, 1042 03

formant les portions du dividende qui reviennent à chaque associé.

Troisième exemple :

114. On demande de trouver un nombre dont le $\frac{1}{3}$ la $\frac{1}{2}$ et les $\frac{5}{7}$ fassent 325.

Ce troisième exemple qui a beaucoup d'analogie avec les deux autres, tient à ce que beaucoup d'arithméticiens appèlent la règle de *fausse position*, parce que, pour résoudre la question, il faut prendre un nombre arbitraire dont on puisse, dans notre exemple, prendre le $\frac{1}{3}$, la $\frac{1}{2}$ et les $\frac{5}{7}$.

Le produit 42 des dénominateurs peut nous procurer ce nombre.

Son $\frac{1}{3}$ vaut . . . 14
sa $\frac{1}{2}$ 21
et ses $\frac{5}{7}$ 30

En les réunissant nous avons un total de 65 qui est composé de 42, comme le nombre demandé doit l'être de celui de 325.

Nous devons donc poser ainsi la proportion :

65 est à 42 comme 325 est à x.

Nous trouvons pour valeur de x, nombre demandé, 210. Si nous en prenons le $\frac{1}{3}$ la $\frac{1}{2}$ et les $\frac{5}{7}$, ils nous donneront 325.

Quatrième exemple:

Un particulier ordonne, par son testament, le partage d'un legs de 7286 fr. à trois amis. Il veut que le premier ait deux fois autant que le second, moins 700 fr., et que le troisième ait autant que les deux autres, moins 500.

En supposant la portion du premier 12, celle du second ne sera que 6, puisqu'elle ne doit être que la moitié de l'autre. Celle du troisième, devant valoir autant que les deux autres, vaudra 18. La totalité des portions sera donc de 36.

Mais attendu qu'après le partage, on doit ôter sur la portion du premier 700 fr., et sur la portion du troisième, aussi,

1°. 700 fr., pour que sa part, sans diminution, égale celle des deux autres;

2°. 500 fr., pour qu'elle soit moindre dans la proportion demandée.

Il faut partager, non pas sur 7286 fr., mais sur une quantité plus forte de 1900 fr., c'est-à-dire plus forte des sommes à retrancher.

La question se réduit donc à poser ainsi la proportion :

36 est à 9186 comme $\begin{cases} 12 \text{ est à } x. \\ 6 \text{ est à } y. \\ 18 \text{ est à } z. \end{cases}$

Nous trouvons pour valeur de x-3062 fr.
pour valeur de y-1531
pour valeur de z-4593

ôtant, sur la valeur de x, 700 fr. et 1200 fr. sur celle de z, nous avons les trois nombres 2362 fr.; 1531 fr., et 3393 fr. qui résolvent la question, et déterminent les portions qui doivent revenir à chaque copartageant. Pour en être convaincu, on n'a qu'à les additionner; elles formeront de nouveau la somme de 7286 fr. qui était à partager.

Cinquième exemple :

Un homme lègue son bien à trois de ses amis : il donne au premier le quart, au second les deux cinquièmes; et au troisième 22,100 fr. qui restent de sa succession. On demande qu'elle était la valeur de son bien, et la part des deux premiers légataires.

Il faut observer que le bien dont il s'agit doit être divisible par 4 et par 5. C'est pourquoi je prends le nombre 20 par supposition. J'en prends le $\frac{1}{4}$ qui est 5, et les $\frac{2}{5}$ qui valent 8 : j'en soustrais ces deux nombres, il me reste 7.

Alors je puis dire si 7 donne 22,100 fr., combien donneront 20? Je trouve 63,142 fr. 85 c. qui se reproduisent par leur $\frac{1}{4}$ qui est

de	15785-71
leurs $\frac{2}{5}$ qui sont de	25257-17
avec le reste de	21100
	63142f 88c

Ainsi la succession était donc de 63142 fr. 88 c.; et les portions à partager, de 15785 fr. 71 c., de 25257 fr. 17 c., et de 21100 fr.

DE LA RÈGLE D'ALLIAGE.

115. Le but de la règle d'alliage est de trouver la valeur moyenne de plusieurs choses de même espèce, ou d'espèces qui peuvent s'allier, mais de prix différens.

Premier exemple :

Un marchand a acheté 18 kilogrammes de café à 2 fr. 10 c.; 17 kilogrammes à 3 fr.

70 c.; 21 kilogrammes à 5 fr. 15 c. Il les a mélangés; on demande à combien le mélange lui revient le kilogramme?

Pour résoudre la question, il faut évaluer 1°, ce que coûte la totalité des objets mélangés; 2°, combien elle forme de kilogrammes, et diviser le premier de ces résultats par le second : alors on trouvera le prix cherché.

18 kilog. à 2 fr. 10 c. valent	37 fr. 80 c.
17 kilog. à 3 fr. 70 c. valent	62 fr. 90 c.
21 kilog. à 5 fr. 15 c. valent	108 fr. 15 c.
56 kilog. en total coûteront	208 fr. 85 c.

En divisant 208 fr. 85 c. par 56, nous trouvons, pour le prix du kilogramme de café mélangé, 3 fr. 73 c. à moins d'un centime près.

Second exemple :

Un marchand de vin voudrait mêler du vin à 30 centimes le litre, avec du vin à 75 centimes, pour en avoir à 55 centimes.

Après avoir posé les trois prix :

$$55 \left| \begin{array}{l} 75-25 \\ 30-20 \end{array} \right.$$

je prends la différence de 30 à 55, c'est-à-dire, celle du prix inférieur au prix moyen; je trouve 25. Cette somme est en bénéfice: elle doit faire compensation avec le plus haut prix: ainsi je la pose en face 75 qui est ce plus haut prix.

Je prends aussi la différence de 75 à 55, c'est-à-dire celle du prix majeur au prix moyen, je trouve 20. Cette somme est en perte: elle doit faire compensation avec le prix inférieur: ainsi je la pose en face de 30 qui est ce prix inférieur.

La compensation qui se fait des deux prix, me porte à conclure que, entre autres combinaison qu'on pourrait encore trouver en mêlant 25 litres de vin à 75 centimes, et 20 litres à 30 cent., on en aurait qui vaudrait 55 centimes.

Troisième exemple :

Un boulanger veut mêler de la farine de pomme de terre, dont le pain revient à 15 centimes la livre, et de la farine de seigle, dont le pain revient à 12 centimes, avec de la farine de froment, dont le pain revient à 30 centimes, afin que le mélange donne du pain à 20 centimes.

	30	8	et 5 égalent 13
20	15	10	
	12	10	

Je compare les deux prix inférieurs avec le prix moyen; j'ai en bénéfice 8 et 5, je le porte en face le prix supérieur; je compare le prix supérieur au prix moyen autant de fois qu'il y a de prix inférieurs; je porte les pertes que je trouve, en face chacun de ces prix inférieurs, et ces pertes, devant compenser le bénéfice, me portent à conclure que 13 livres de pain à 30 centimes, mêlées avec 10 liv. de pain à 15 cent. et 10 liv. à 12 cent. donnent du pain à 20 cent.

Quatrième exemple :

On veut faire du pain avec de la farine de pomme de terre, de seigle et de froment, pour le vendre à 15 cent. la livre ou le demi-kilogram. Celle de froment fait du pain à 25 cent; celle de seigle à 12 cent., et celle de pomme de terre à 9 cent.; on a 87 kilogram. de farine de froment à employer. Quelle est la quantité des deux autres à faire entrer dans le mélange ?

Je prends la différence des prix comme dans les exemples ci-dessus.

	25 - 6. et 3 égal 9.
15	12 - 10
	9 - 10

Il faut mêler 9 kilog. de farine de froment, 10 de celle de seigle, et 10 de celle de pomme de terre pour avoir du pain à 15 centimes le demi-kilogramme.

Pour trouver ensuite tout l'emploi des 87 kilogram. de farine de froment, je fais cette proportion :

9 est à 87 comme 10 est à x, égal 116.

Je trouve que puisqu'il faut mêler 9 kilog. de farine de froment avec 10 de celle de seigle, et 10 de celle de pomme de terre ; pour mêler 87 kilog. de froment, il en faudrait 116 kilog. des autres espèces.

Cinquième exemple :

On a du café à 2 fr. 25 c., à 3 fr. 09 c. et à 1 fr. 74 c. le demi-kilog. On voudrait en faire 62 demi-kilog. à 2 fr. 10 c.

	174 - 99 et 15 égal 114
210	309 - 36
	225 - 36

Il faut donc mêler 114 demi-kilog. de café à 1 fr. 74 c., avec 36 demi-kilog. à 3 fr. 09 c. et 36 demi-kilog. à 2 fr. 25 c., pour en avoir à

2 fr. 10 c. La totalité du mélange est 186 demi-kilog. ; on voudrait qu'il ne fût que de 62.

Je fais cette proportion :

186 demi-kilog. est à 62 demi-kilog. com. { 56 est à x égal 12
36 est à y égal 12
114 est à z égal 38.

Je trouve qu'il faudrait mêler 38 demi-kilog. de café à 1 fr. 74 c. avec 12 à 2 fr. 25 c. et avec 12 à 3 fr. 09 c. pour en avoir 62 demi-kilog. à 2 fr. 10 c.

RAPPORT DES NOUVELLES MESURES AVEC LES ANCIENNES.

On a vu que dans l'ancien système toutes les mesures de quelque nature qu'elles fussent, n'avaient entr'elles aucune sorte de liaison, et que les divisions en étaient tout-à-fait arbitraires. Le nouveau système est au contraire un modèle admirable d'ensemble et d'unité, en ce qu'il est fondé tout entier sur la mesure de la terre.

On s'est assuré par une suite d'observations exactes, que le quart de la circonférence de la terre, était de 5,130,740 toises. En prenant la dixmillionième partie de cette distance, on a eu 0 toise 513,074 de toises, ou 3 *pieds* 0 *pouce* 11 *lignes* 296 de lignes qu'on a nommé *mètre* ou mesure par excellence.

Cette unité a été multipliée par 10, 100, 1000, et 10,000; et chacune des mesures formées par la multiplication de l'unité principale, a pris un nom particulier dans lequel est entré le nom de cette unité : ainsi on a eu décamètre, (dix metres), hectomètre, (100 mètres), kilomètres, (1000 mètres) et myriamètre, (dix mille mètres).

On a de même divisé par 10, 100, 1000 etc. cette unité, et l'on a eu des fractions décimales de l'unité de cette manière *décimètre*, (0^{m}. 1); *centimètre*, (0^{m}. 01); *millimètre*, (0^{m}. 001); en sorte que le calcul des quantités quelconques de mètres n'a pu offrir aucune difficulté, puisque leur expression a été absolument conforme au principe de la numération.

Cette mesure primitive, savoir : le *mètre*, a servi à former toutes les autres. Ainsi, 1°, pour l'unité des mesures de capacités, on a choisi le *litre* qui est le cube de la dixième partie du mètre ou le cube du décimètre; c'est-à-dire qu'il est égal à un dé qui aurait un décimètre sur chaque face.

2°. Pour les mesures de poids, on a choisi le *gramme* égal aux poids d'un centimètre cube d'eau distillée.

3°. Pour celles de superficie, ou a pris l'are qui est le caré d'un décamètre valant dix mètres de côté.

Enfin, pour les mesures des bois, on a pris le *stère* égal à un mètre cube ou à un *dé* d'un mètre sur chaque face.

De cette manière, toute espèce de mesure dépend du mètre, qui lui-même est la dix-millionième partie du quart de la circonférence du globe.

On a fait pour chacune des diverses mesures comme pour le mètre, c'est-à-dire qu'on les a multipliées et divisées sur le même principe, et en adoptant les mêmes dénominations. Comme on avait dit, *millimètre*, *centimètre*, *décimètre*, *mètre*, *décamètre*, *hectomètre*, *kilomètre*, *myriamètre*, on a dit :

Milligramme, *Millilitre*,
centigramme, *centilitre*,
décigramme, *décilitre*,
GRAMME. LITRE.
décagramme, *décalitre*,

hectogramme, *hectolitre*,
kilogramme, *kilolitre*,
myriagrame, *myrialitre*, etc.

Rien comme on voit, de plus simple, et de plus facile à saisir. Il ne nous reste donc plus qu'à indiquer les rapports exacts de ces nouvelles mesures avec les anciennes.

Ces mesures qui, dans notre système actuel de la division des unités, remplacent celles dont on faisait usage autrefois, sont principalement de cinq espèces différentes: 1°. les monnaies; 2°. les poids; 3°. les mesures linéaires; 4°. les mesures agraires; 5°. les mesures de capacité.

DES MONNAIES.

Anciennement la monnaie, comme nous l'avons déjà dit (83), avait pour unité la *livre tournois* qui se divisait en *sols* et ceux-ci en *deniers*.

Aujourd'hui le *franc* est pris pour l'*unité* monétaire. Il se divise (45) en *décimes*, et ceux-ci en *centimes*.

Le *franc*, pièce d'argent du poids de 5 *grammes*, à 9 dixièmes de fin, et à un dixième d'alliage, est un peu plus fort que n'était la *livre tournois*. Il est avec elle dans le rapport de 80 à 81.

Cette connaissance peut mettre à même de convertir des livres en francs et des francs en livres.

Si on veut savoir combien 152 livres tournois valent de francs, on posera ainsi la proportion :

81 est à 80 comme 152 est à x.

Nous trouvons pour valeur de x, ou pour l'équivalent de 152 livres tournois, 150 fr. 12 cent.

Si on veut savoir combien 232 fr. valent de livres tournois, on posera ainsi la proportion :

80 est à 81 comme 232 est à x.

Nous trouvons pour valeur de x, ou pour l'équivalent de 232 francs, 234tt 18 sols.

DES POIDS.

On a pris pour unité de poids comme nous venons de le dire, un centimètre cube d'eau distillée mise au degré de la glace fondante, et pesée dans le vide, et on a donné à cette unité de poids le nom de *gramme*.

Le gramme est égal au poids de 18 grains $\frac{841}{1000}$. Mille grammes, ou un kilogramme, valent 2 livres 042 millièmes de livre, poids de marc : et une livre vaut 0-4895 de kilogramme. Cette dernière donnée peut nous mettre à même de convertir des livres en kilogrammes et des kilogrammes en livres, par de simples multiplications et par de simples divisions.

Exemple : combien 20 liv. valent de kilog.? je multiplie 0-4895 par 20, et je trouve 9 kilogrammes 790 grammes.

Si je voulais savoir combien de livres valent 23 kilogrammes, je diviserais 23 par 0-4895 (62), et je trouverais 46 liv. 15 onces 6 gros.

DES MESURES LINÉAIRES.

Le *pied* était l'unité la plus en usage dans l'ancienne manière de mesurer les longueurs. Dans les mesures plus étendues on prenait *la toise* qui valait 6 pieds.

Pour les étoffes on faisait usage de l'*aune*, qui contenait 3 pieds 7 pouces 10 lignes $\frac{5}{6}$ de ligne.

Aujourd'hui on fait usage du *mètre* qui étant comparé au pied, vaut, comme nous venons encore de le dire, 3 pieds 0 pouces 11 lignes $\frac{44}{100}$ de ligne. Le mètre est à la toise comme 0-51307 est à 1 ; et la toise comparée au mètre comme 1 à 1,949. Ainsi pour convertir des toises en mètres, il faut les multiplier par 1,949, ou les diviser par 0-51307; et, pour convertir des mètres en toises, il faut les diviser par ce même nombre 1-949, ou les multiplier par 0,51307.

Exemple : Combien 20 toises valent de mètres ? je multiplie 1-949 par 20, et je trouve 38 mètres 980 millimètres.

Combien 20 mètres valent de toise ? je les divise par 1-949.

Exemple (62) 20000 | 1949
510 | 10—1 $\frac{1111}{1949}$
par 6 pieds.
3060
1111

Je trouve, pour valeur de 20 mètres; 10 toises 1 pieds $\frac{1111}{1949}$ de pied ou 10 toises 1 pied à moins d'un pied près.

Le mètre comparé à l'aune de Paris vaut $\frac{5}{6}$ d'aune et quelque chose, et en décimales il vaut 0-8414 dix millièmes d'aunes.

L'aune comparée au mètre, vaut 1 mètre 188 millimètres. Ainsi pour convertir des aunes en mètres, il faut les multiplier par 1-188.

Exemple : Combien 22 aunes valent-elles de mètres? je multiplie 1-188 par 22, et je trouve 26 mètres 136 millimètres.

Pour convertir des mètres en aunes, il faut les diviser par 1-188.

Exemple : Combien 20 mètres valent-ils d'aunes? je les divise par 1-188, et je trouve 16 aunes $\frac{248}{297}$ d'aune ou 16 aunes $\frac{3}{4}$ et quelque chose.

La lieue ancienne ordinaire, de 25 au degré, contenait 2280 toises. Comparée au kilomètre, mesure de mille mètres, elle vaut 4 kilomètres 44 mètres 44 centimètres.

Le kilomètre vaut 0-225 millièmes de lieue; et dix kilomètres, ou un myriamètre, valent 2 lieues 250 millièmes de lieue.

DES MESURES AGRAIRES.

Autrefois l'*unité* la plus en usage dans les mesures de superficie ; c'était la *la toise carrée ;* maintenant c'est le *mètre* carré.

Pour les mesures des terreins agricoles, l'*arpent* était presque toujours pris pour unité; mais il variait autant dire de village à village. Il était divisé en 100 perches, en 120 perches, etc.; et la perche était elle-même plus ou moins grande. Celle des eaux et forêts formait un carré, dont le côté était de 22 pieds, et l'arpent en contenait 100.

Aujourd'hui on adopte l'*are*, nom dérivé du mot latin *arare*, labourer, qui forme un carré, dont le côté est de 10 mètres, et qui par conséquent renferme 100 mètres carrés.

Cent ares valent un *hectare*.

L'are comparé à l'ancienne mesure des eaux et forêts, vaut 1 perche 958 millièmes de perches, et l'hectare vaut 1 arpent 958 millièmes d'arpent, et parconséquent très-près de 2 arpens.

L'arpent des eaux et forêts vaut 0-5107 dixmillièmes d'hectare, ou 51 ares 07 centiares.

Ce qui nous donne encore le moyen de convertir des arpens en hectares et des hectares en arpens, par de simples multiplications ou de simples divisions.

Si l'on voulait savoir, par-exemple, ce que 21 arpens donnent d'hectares, il faudrait multiplier 0-5107 par 21, et l'on trouverait 10 hectares 72 ares 47 centiares à moins d'un centiare près.

Pour convertir les hectares et les ares en arpens, il est évident qu'il faudrait les diviser par 0-5107 qui est le nombre décimal équivalent à l'arpent.

L'arpent de Paris qui était de 100 perches dont le côté était de 18 pieds, vaut 34 ares 18 centiares ou 0-3418 dixmillièmes d'hectare.

Or si l'on voulait savoir, par exemple, ce que 21 de ces arpens valent d'hectares, il faudrait multiplier 0-3418 par 21 : on trouverait 7 hectares 17 ares 78 centiares.

Si on voulait convertir les hectares et les ares en arpens de paris il faudrait donc les diviser par 0-3418.

Il y avait encore une sorte d'arpens en usage dans beaucoup de lieux : il était de 100 perches dont le côté était de 20 pieds. Il vaut 42 ares 18 centiares.

DES MESURES DE CAPACITÉ.

Le mètre cube, le décimètre cube, etc. ont été adoptés pour la mesure des solides ; et comme les mesures de capacité en dérivent, on les a adoptés aussi pour les liquides et les grains. Mais les besoins journaliers réclamant que l'unité soit une mesure de petite dimension, on a choisi pour cette unité la millième partie du mètre cube ; on l'a nommée *litre*. Le litre contient, ancienne mesure de Paris, une pinte 073 millièmes de pinte.

L'*hectolitre*, ou cent litres, est au *septier* de grains, ancienne mesure de Paris, comme 0-6406 est à 1.

Le septier vaut 1 hectolitre 561 millièmes d'hectolitre, ou un hectolitre 56 litres 1 dixième de litre.

Le mètre cube de bois qui se nomme *stère* est de 29 pieds 1739 dixmillièmes de pieds : il est à la corde ancienne des eaux-et-forêts, qui contenait pieds cubes, comme 0-2604 est à 1; c'est-à-dire qu'il en est un peu plus du quart : il équivaut donc à-peu-près à une demi-voie de Paris. La corde équivaut à 3 stères 839 millièmes.

La charpente autrefois se divisait en solives ou pièces de bois carrées de 6 pouces sur toute face et de 12 pieds de long. La solive était donc de 3 pieds cubes. Elle est au stère comme 1 est à 0-1028. Le stère ou mètre cube de bois vaut 9 solives 7246 dix-millièmes de solives. Ainsi le décistère équivaut à une solive et très-peu de chose de plus.

ERRATA ET SUPPLÉMENS.

Page 23, lig. 20, dans 33 combien 3, *lisez*, dans les 33 de ce nombre, combien le 3 des 348 du diviseur.

Page 30, lig. 1, 16 fois *lisez* 19 fois.

Page 39, lig. 21, d'avec les unités *lisez* des unités.

Page 42, lig. 3, et de $\frac{1}{3}$ reste *lisez* et $\frac{1}{3}$ de reste.

Page 49, lig. 13, ci 29-4 *ajoutez* attendu que c'est prendre 42 sept dixièmes de fois ou le prendre un dixième de fois, ci 0-42, et multiplier ce dixième par 7.

Page 51, lig. 16, 4 gram. *lisez*, décigram.

Supplément pour faire suite aux opérations sur les décimales, pag. 56.

Exemple :

On a 15 liv.-715 de quinquina; on voudrait réduire la fraction décimale en onces et en gros.

La fraction est $\frac{715}{1000}$ de liv. (51). Si on multiplie le numérateur par 16, au lieu de représenter des livres à diviser par 1000, il représentera $\frac{11440}{1000}$ d'once, égal à 11 onces $\frac{440}{1000}$ d'once. Si on multiplie la fraction d'once par 8, elle représentera $\frac{3520}{1000}$ de gros, égal à 3 gros $\frac{13}{25}$ de gros.

Le résumé des opérations nous donne donc, pour 15 liv.-715 de liv. de quinquina, 15 liv. 11 onces 3 gros $\frac{13}{25}$ de gros.

Supplément aux règles de trois simples.
Onzième exemple :

A 6 pour cent par an, quel intérêt la somme de 7217 fr. doit-elle produira pendant 7 mois 5 jours ?

Il faut d'abord établir cette proportion : Si, 100 fr. par an donne 6 d'intérêt, combien donneront 7217 fr. ?

Ayant trouvé pour l'intérêt d'un an 433 fr. 02 c., il faut faire cette autre proportion :

Si un an ou 365 j. produisent 433 fr. 02, combien produiront 7 mois 5 jours ou 215 jours ? on trouve 255 fr. 06 c. : c'est la solution de la question proposée.

Douzième exemple :

Quels sont les $\frac{11}{17}$ de 526 fr. ?

Si on prenoit les $\frac{17}{17}$ ou l'unité, on prendrait le tout :

Il faut donc poser ainsi la proportion :

Le tout ou 1 est à $\frac{11}{17}$, comme 526 est à x.

Ou (102) 17 est à 11 comme 526 est à x, égal 340 fr. 35, représentant les $\frac{11}{17}$ de 526.

La solution de cette question, pouvait être l'objet d'une simple division, et d'une simple multiplication. On pouvait prendre d'abord le 17e de 526 fr. et le multiplier par 11.

TABLE
DES MATIÈRES.

Page.

Avant-propos.
Arithmétique. Notions préliminaires. 1
De l'addition des nombres simples. 6
De la multiplication des nombres simples. 8
De la soustraction des nombres simples. 13
De la division des nombres simples. 17
Idées sur l'usage des quatre premières règles de l'arithmétique. 30
Moyens pour prouver l'exactitude des quatre premières règles de l'arithmétique. 32
Des décimales 37
De la composition des décimales. 38
Réduction des fractions ordinaires en décimales. 41
Réflexions particulières sur l'effet de la position des décimales dans les nombres. 45
De l'addition des décimales. 45
De la soustraction des décimales. 47
De la multiplication des décimales. 48
De la division des décimales. 52
Des fractions. 57
Des entiers sous la forme de fractions, et des opérations qu'on peut faire sur les fractions sans en changer la valeur, et

Pag.
principalement de leur réduction à l'expression la plus simple. 57
Réduction des fractions au même dénominateur. 63
De l'addition de fractions. 65
De la soustraction des fractions. 66
De la multiplication des fractions 67
De la division des fractions. 68
Des nombres complexes. 70
De l'addition des nombres complexes 72
De la soustraction des nombres complexes. 74
De la multiplication des nombres complexes. 75
De la division des nombres complexes. 83
Des proportions. 88
De la règle de trois. 95
De la règle de trois directe et simple. 96
De la règle de trois inverse et simple. 103
De la règle de trois composée. 105
De la règle de société. 107
De la règle d'alliage. 113
Rapport des nouvelles mesures avec les anciennes. 118
Des monnaies. 121
Des poids. 122
Des mesures linéaires. 123
Des mesures agraires. 125
Des mesures de capacité. 127
Supplémens. 129

FIN DE LA TABLE DES MATIÈRES.

www.ingramcontent.com/pod-product-compliance
Ingram Content Group UK Ltd.
Pitfield, Milton Keynes, MK11 3LW, UK
UKHW020339230726
13925UKWH00003B/868